石油化工设备技术问答丛书

空冷器技术问答

章湘武　姚志东　编著

中国石化出版社

内 容 提 要

本书采用问答形式，通俗地介绍了空气冷却器的结构型式、基本部件、技术原理、设计选型、加工制造、安装调试、操作调节以及维护检修等方面的技术知识，同时介绍了目前国内常用的空气冷却器的主要参数。

本书可供现场技术人员、操作工、维修工和管理人员使用，也适合于用作培训教材以及考核试题参考用书。

图书在版编目(CIP)数据

空冷器技术问答/章湘武，姚志东编著.
—北京：中国石化出版社，2007(2025.5重印)
(石油化工设备技术问答丛书)
ISBN 978-7-80229-155-3

Ⅰ.空… Ⅱ.①章… ②姚… Ⅲ.石油炼制-空气冷却器-问答 Ⅳ.TE965-44

中国版本图书馆 CIP 数据核字(2007)第 020438 号

中国石化出版社出版发行
地址:北京市东城区安定门外大街 58 号
邮编:100011 电话:(010)57512500
发行部电话:(010)57512575
http://www.sinopec-press.com
E-mail:press@sinopec.com
北京艾普海德印刷有限公司印刷
全国各地新华书店经销

*

787 毫米×1092 毫米 32 开本 3.5 印张 72 千字
2025 年 5 月第 1 版第 5 次印刷
定价:20.00 元

序

设备是企业进行生产的物质技术基础。现代化的石油化工企业，生产连续性强，自动化水平高，且具有高温、高压、易燃、易爆、易腐蚀、易中毒的特点。设备一旦发生问题，会带来一系列严重的后果，往往会导致装置停产、环境污染、火灾爆炸、人身伤亡等重大事故的发生。因而石油化工厂的设备更体现了设备是企业进行生产、发展的重要物质基础。“基础不牢、地动山摇”。设备状况的好坏，直接影响着石油化工企业生产装置的安全、稳定、长周期运行，从而也影响着企业的经济效益。

确保石油化工厂设备经常处于良好的状况，就必须强化设备管理，广泛应用先进技术，不断提高检修质量，搞好设备的操作和维护，及时消除设备隐患，排除故障，提高设备的可靠度，从而确保生产装置的安全、稳定、长周期运行。

为了适应广大石油化工设备管理、操作及维护检修人员了解设备，熟悉设备，懂得设备的结构、性能、作用及可能发生的故障和预防措施，消除隐患，排除故障，搞好操作和日常维护能力的需要，中国石化出版社针对石油化工厂常见的各类设备，诸如，各类泵、压缩机、风机及驱动机，各类工业炉、塔、反应器、压力容器，各类储罐、换热设备，以及各类工业管线、阀门管件等，组织长期工作在石油化工企业基层，有一定设备理论知识和实践经验的专家和专业技术人员，以设备技术问答的形式，编写了一系列“石油化工设备技术问答丛书”，供大家学习和阅读，希望对广大读者有所帮助。本书即为这套丛书之一。

中国石化设备管理协会副会长　胡安定

目　　录

第一章 结构型式

1. 什么是空气冷却器?

答: 空气冷却器是以环境空气作为冷却介质，横掠翅片管外，使管内高温工艺流体得到冷却或冷凝的设备，简称“空冷器”，也称“空气冷却式换热器”，也叫做翅片风机，常用它代替水冷式壳-管式换热器冷却介质，在水资源短缺地区尤为突出。

2. 哪些工业企业需要应用空气冷却器?

答: 国外自 20 世纪 30 年代空气冷却器投入工业使用以来，在石油化工等工业企业迅速得到应用。从轻油到重油、渣油，从正压到负压，从炎热地区到寒冷地区，从水源充足地区到缺水地区都成功地使用了空气冷却器。

在炼油企业，美国 1948 年在 Texco Corpris Christi 炼油厂第一次全部采用空气冷却法代替传统的水冷却法。英国 50 年代末期在水源充足的 Whitecate 炼油厂和 Nolyton 炼油厂也全部采用了空气冷却，加拿大土坡角炼油厂全部使用空气冷却器。目前实现全部空气冷却的炼油厂在不断增加，国外新建炼厂都有扩大使用空气冷却器的趋势，用水单耗均在 1 吨水/吨原油以下。比利时费芦炼油厂新鲜水平均单耗为 0.195 吨水/吨原油。

在化工企业，合成氨、合成甲醇、氯化物、聚氯乙烯及单体氯乙烯等生产工艺过程都有采用空气冷却的实例。对与水接触能发生爆炸的介质，采用空气冷却方式是合适的。

在动力工业，由于水源紧张，汽轮机排汽的直接空冷方式和间接空冷方式日益得到重视，发展很快。在国外的炼油厂、石油化工厂的驱动透平采用空冷凝气器也日渐增多。至1972年，GEA公司共生产200台汽轮机排汽空冷凝气器，其中用于石油化工厂的驱动透平约占40%。

在冶金工业，空气冷却技术的应用也有进展，高炉循环水的空气冷却已有了成熟的经验。

空气冷却器还可用于空气压缩机的中间冷却器、燃气透平的回热器、发电机的空气冷却器及废热回收装置等。冷冻和空气调节设备中氟里昂、氨或丙烷的冷凝多采用小型空气冷却器。

原子能反应堆中应急的心部空气冷却是一个应用实例。空气冷却较其他的冷却方法有两个显著的优点：一是空气总是取之不尽的；二是如果发生溶盐或金属从管子的工艺侧泄漏，不会发生危险反应。

3. 空气冷却器有哪些优点？

答：空气冷却器有以下一些优点：

（1）空气冷却器安装厂址不受水源、水质、取水等条件的限制。

（2）空气冷却器安装布置不受供排水设施具体要求的限制。

（3）空气冷却器在生产运行过程中，空气冷却介质的许可温升范围比水冷却介质大，同时不存在水垢与冷却水设备腐蚀管壁的问题。

（4）空气冷却器在设备维修方面，除需要定期观察和润滑操作以外，不需要大拆大修，因此空气冷却器比水冷却器操作周期长。

(5) 空气冷却器在设备投资方面，由于所需供、排水设施的规模大大缩小，所以在一般操作条件下空冷比水冷便宜。

(6) 空气冷却器在操作费用方面，在一般操作条件下，空冷设备与水冷设备的(马达)功率大致相等。但空冷的操作时间在85%以上是在比设计气温低10℃左右的情况下进行的，因此，一般认为空冷的实际功率消耗比水冷低，其操作费用平均为水冷的50%。空冷的设备维修费用，约比水冷低1/2左右。

(7) 空气冷却器在设备潜力方面上，与水冷相比，设备处理量有较大的提高余地。老厂扩建时可将水冷装置改换为空冷设备，使用风扇或马达，即可在一定程度上提高设备处理量。

4. 空气冷却器如何分类?

答：以空气冷却器冷却方式分类，可分为干式空冷器、湿式空冷器、干-湿联合空冷器和两侧喷淋联合空冷器；以空气冷却器管束布置型式分类，可分为水平式空冷器、斜顶式空冷器、立式空冷器和圆环式空冷器；以空气冷却器通风方式分类，可分为自然通风式空冷器、鼓风式空冷器和引风式空冷器。

空气冷却器主要有以下类型：

(1) 水平式空气冷却器

水平式空气冷却器的管束水平放置，多用于介质的冷凝、冷却。根据送风方式不同又分鼓风式空冷器和引风式空冷器。引风式空冷器的风机叶片(螺旋桨)，位于管束的上方，百叶窗亦装在风筒出口上。这种结构的空冷器传热管束受到日照、风雪等气候影响较小，排出的热空气也不易回流，因此用于介质出口终端温度要求严格控制者，且在相同的风量下，噪声要比鼓风式小 3 分贝［dB(A)］。但其结构较复杂，风机的维护、管束检修和更换较麻烦。风机所耗功率要比鼓风式约大 10%。鼓风式空冷器管束置于风机的上方，风机由下向上送风，这是空气冷却器使用最多的一种形式。它的安装、维护十分方便。

（2）斜顶式空气冷却器

斜顶式空气冷却器的管束 45°斜置于构架顶部。被冷介质由上而下流动，多用于介质的冷凝。斜顶式空气冷却器占地面积较小，用于介质冷凝时，管内阻力和膜放热系数要比水平式好，但管束排出的热空气容易回流，造成空气入口风温增高，且结构也较为复杂。

（3）湿式空气冷却器

湿式空气冷却器管束立置，介质水平流动。管束外侧安装喷水系统，风机为引风式。湿式空气冷却器介质入口温度一般不宜大于 100℃。夏季启动喷水系统，增湿降温，且水膜在翅片表面蒸发强化传热，能将介质冷却到较低的温度。在石油化工厂用湿空冷器代替水后冷器，可以节约水，降低操作费用。缺点是对喷淋用水的水质和雾化喷头有较严格的要求。为了防止水对传热管的腐蚀，一般宜选用双金属轧制翅片管或双 L 绕制翅片管。与水冷却器相比，设备造价也较高，多用于水源短缺地区。一般来说，当油品进口温度大于 100℃，而出口需冷却到 40～50℃时，前段可用干式空气冷却器将油品冷却到 70～80℃，再用湿式空气冷却器冷却至终温。因高温段采用干式空气冷却器比较经济，另一方面湿式空气冷却器进口温度过高，耗水量过大，同时翅片表面易结垢，影响湿式空气冷却器的使用效果和寿命，所以湿式空气冷却器进口温度一般不宜大于80℃。

(4) 干、湿联合式空气冷却器

干、湿联合式空气冷却器相当于干式空气冷却器(水平式或斜顶式)与湿式空气冷却器组合在一起，二者合用风机，因此占地面积比较小，设备投资也可节省。由于空气被利用了两次，所以能耗和运行费用较低。但这种空气冷却器干、湿两部分管束的面积应匹配得恰当，不合适的匹配往往会造成传热面积的浪费和风机能耗的增加。另外，从现场测定情况来看，顶部干管束排出的热空气循环到下部湿管束进口处的现象也较突出，因此多用于老装置的扩容改造及场地紧张的情况。

(5) 热风循环式空气冷却器

当被冷介质在最低设计气温下，空气冷却器易发生凝结或有结晶物析出时，可采用热风循环式结构。热风循环式空气冷却器，是利用自身排出的热空气作为热源，一般不需要外加伴热设施和消耗伴热热源。其操作费用与普通空气冷却器相近。但需要有一套控制系统，根据不同的环境温度，来调节百叶窗的开度及风机的风量。自控水平要求较高，结构也较复杂，设备投资较大。热风循环湿式空气冷却器，解决了高寒地区空气冷却器过冬问题，可节约大量工业用水，但结构复杂、自控和操作要求都较高，因此设备投资较大。

热风内循环式空气冷却器可采用两台或多台风机并列。气温较低时，一台风机向上鼓风，另一台风机向下引风，构成热风内部循环。一般用于介质终端温度控制要求不甚精确($\pm3° \sim \pm5°$)的场合。这种型式比较简单，不需增加特殊的结构和投资，但对风机的自动调节机构要求较高。

热风外循环式空气冷却器需要增设一套自动调节百叶窗

和热风外循环通道，用于对介质终端冷却温度控制要求较高（≤±3℃）的场合。这种型式结构和操作都较复杂，占地略大，设备投资也较高。

（6）其他特殊用途的空气冷却器

自然通风式空气冷却器：利用温差引起的空气自然对流进行冷却，不需风机，电能消耗和维修费用很低，但一次投资较高，多用于大型火力发电厂、核电站、汽轮机复水器等耗电量较大的大容量冷却系统。在石油化工装置使用较少。

光管式空气冷却器：其结构与普通水平式空气冷却器相同，但传热管无翅片，用于管内流体膜放热系数很低，且易凝结的介质冷却，如重质油品的空气冷却器。

5. 空气冷却器有哪些基本结构型式？

答：空气冷却器有水平式、直立式和斜置式这几种结构型式。

（1）水平式　其结构型式如图 1-1 所示。

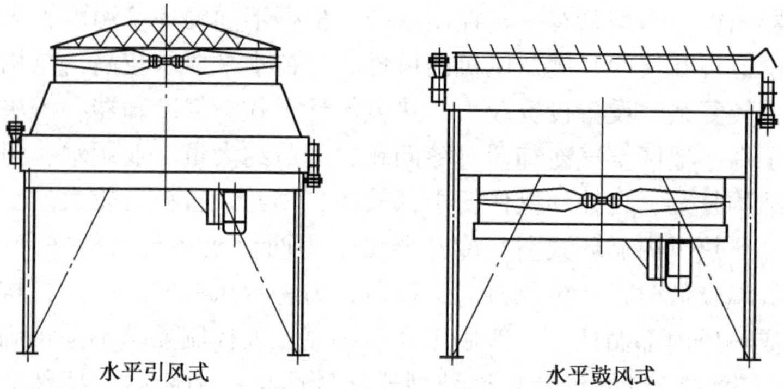

图 1-1　水平式的结构型式

（2）直立式　其结构型式如图 1-2 所示。

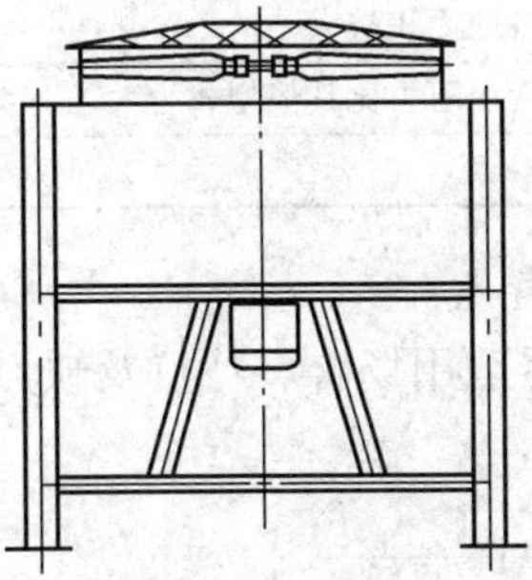

直立A型

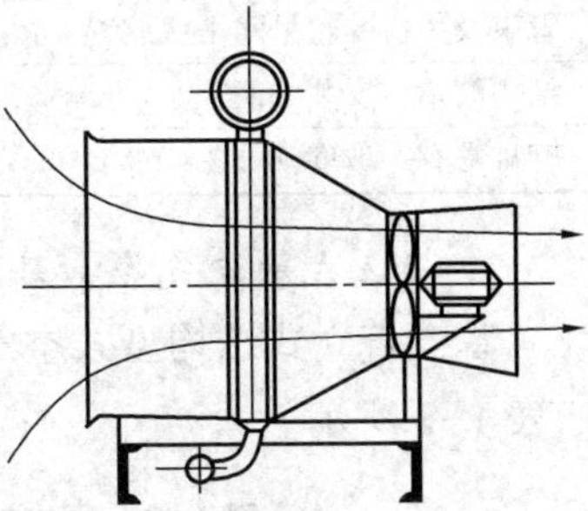

直立B型

图 1-2　直立式结构型式

（3）斜置式　其结构型式如图 1-3 所示。

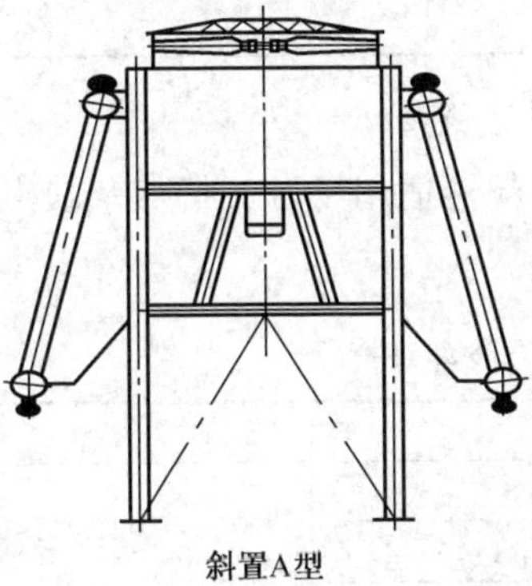

斜置A型

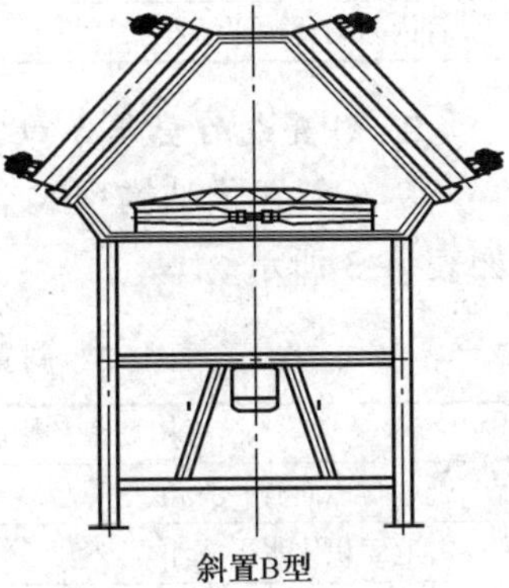

斜置B型

图 1-3　斜置式的结构型式

6. 水平式空气冷却器有什么特点？

答：水平式结构型式空气冷却器适用场合、特点及缺点如表 1-1 所示。

表 1-1　水平式空气冷却器特点

适用场合及特点	缺　点
管束及风机叶轮呈水平状放置	占地面积较大
结构简单，安装方便	管内阻力比其他型式为大
管排常有一坡度(0.5%~1%)	

7. 直立式的空气冷却器有什么特点?

答：直立式结构型式空气冷却器适用场合、特点及缺点如表 1-2 所示。

表 1-2　直立式空气冷却器特点

适用场合及特点	缺　点
管束垂直于地面，风机叶轮可垂直或水平放置	A 型结构略复杂
占地面积比水平式小	安置方向应与常时风向配合
管内阻力比水平式小	

8. 斜置式的空气冷却器有什么特点?

答：斜置式结构型式空气冷却器适用场合、特点及缺点如表 1-3 所示。

表 1-3　斜置式空气冷却器特点

适用场合及特点	缺　点
管束与地面有一夹角	构造略复杂
占地面积比水平式小	
管内阻力比水平式小	
(B 型)一般用于气相冷凝冷却，传热系数比水平式高，也适用于负压真空系统；管束斜置，空气侧阻力小，分配均匀	

第二章　基本部件

1. 空气冷却器由哪几部分组成?

答: 空气冷却器主要包括管束、构架、风机等基本部件。被冷却介质(油品)走管内，空气走管外，通过翅片管进行热交换。空气冷却器基本部件主要由以下几部分组成:

(1) 管束　包括翅片管、管箱、侧梁及支持附件等部件。管束是空气冷却器的传热部件。翅片管由翅片和管基组成，是空气冷却器传热的核心元件。由于空气的膜放热系数很低，需要在传热管(基管)外表面增加翅片来强化其传热(扩大传热面积和加大空气的紊流)。管箱将单根的翅片管组合成为一个集合体，并用来分配和导向流体。每片管束至少有两个管箱。根据结构不同，可分为丝堵式管箱、可拆盖板式管箱、集合管式管箱、分解式管箱等。对于两管程以上的多管程管束，当流体进出口温差较大时，各管程之间的管壁温差及热膨胀差也很大，常引起翅片管的弯曲变形，造成翅片松脱，影响传热效果。甚至因温差应力过大，拉脱传热管与管板之间的胀口(或焊缝)。因此，当同一管箱流体进出口温差大于规定值，应采用分解管箱或U形管结构。侧梁及连接附件用于支持、连接管束的各个部件。侧梁一般用钢板冷弯成型制成，刚度好，省料，也可用大型型钢制造，但目前已不多用。翅片管与管板的连接方法有强度胀接、强度焊接和胀焊并用三种。

(2) 风机　由叶片、轮毂、电机、驱动机械及支持机构等组成。风机是空气冷却器的送风机械。

（3）百叶窗　包括窗叶、调节机构及百叶窗侧梁等部件。百叶窗用于调节空气冷却器风量的大小。

（4）构架　包括风箱及导流筒等部件。构架用于支撑管束、风机、百叶窗及其附属件的钢结构。

（5）喷淋系统　包括分布管及雾化喷头等部件。喷淋系统用于湿式空气冷却器增湿降温和强化传热。干式空气冷却器不设置喷淋系统部件。

（6）附件　包括风箱、蒸汽盘管、梯子、平台等部件。风箱组装件用于导流空气。

典型空气冷却器的基本部件如图 2-1 所示。

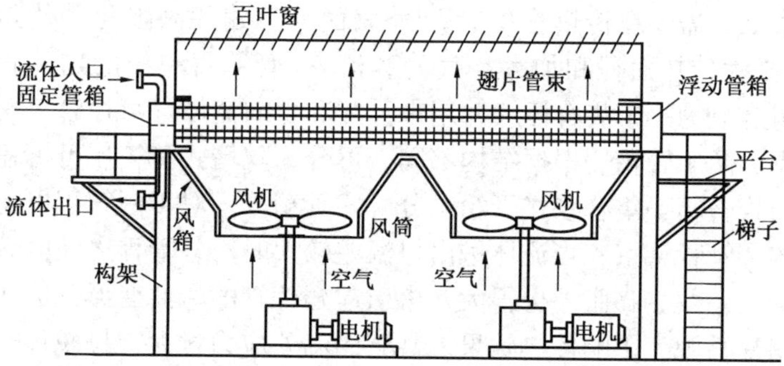

图 2-1　空气冷却器基本结构图

2. 典型的表面蒸发式空气冷却器结构如何？

答：典型的表面蒸发式空气冷却器具有如图 2-2 的结构：

（1）设备顶部的引风式风机；

（2）风机下方的除雾收水系统；

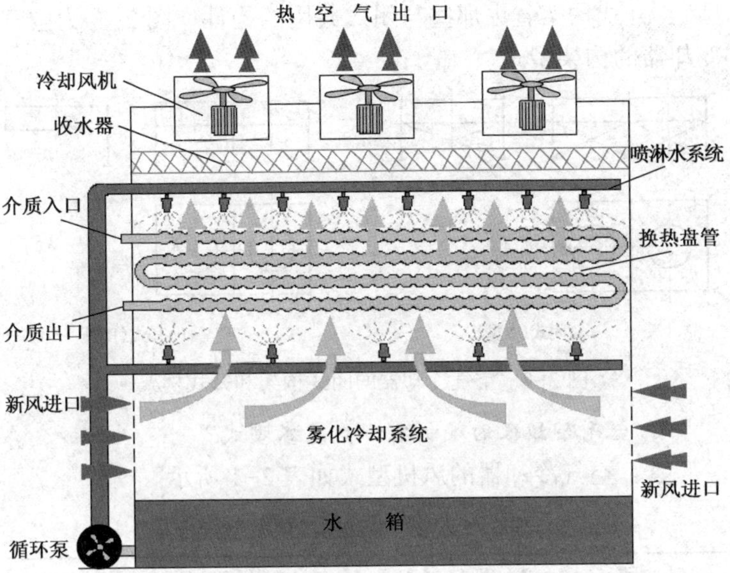

图 2-2　典型表面蒸发式空气冷却器结构图

（3）除雾收水系统下方的喷淋水分配器；

（4）喷淋水分配器下方的主换热管束；

（5）主换热管束下方的构架与水箱；

（6）喷淋水输送管线与管道泵。

上述前五个部件之间均采用螺栓连接，并在各连接面之间采用橡胶板和密封胶进行密封，以防漏风、漏水。

3. 空气冷却器构架有哪些要求和结构型式？

答：空气冷却器构架通常由型钢组成，也有采用钢筋混凝土构架的。钢筋混凝土构架稳定性好，造价低。空气冷却器构架应有良好的稳定性，构架的结构尺寸应与管束和风机的尺寸相对应。构架可以由数台连结成组，也可单独使用一合，独立使用一台构架称为闭式(A 型)，其余称为开式(B 型)，开式构架省去那些与闭式共用的构件。图 2-3 为空气冷却器的构架型式。

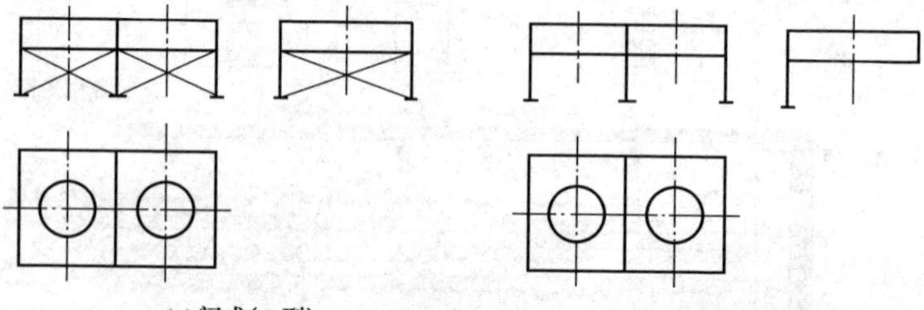

(a)闭式(A型)　　(b)开式(B型)

图 2-3　空气冷却器的闭式构架和开式构架

4. 空气冷却器的风机有哪些基本型式?

答：空气冷却器的风机型式如表 2-1 所示。

表 2-1　空气冷却器的风机型式

项　目	类　别	说　　明
运行方式	鼓风式	空气先经过风机再至管束
	引风式	空气先经过管束再至风机
调节方式	调角方式	停机手调。运转中手调，运转中以压缩空气遥控或以仪表自控
	调速方式	运转中遥控，或以仪表自控
联接方式	直接传动	效率最高，适用于调速控制风机
	齿轮传动	运行可靠，效率较高，构造较复杂，噪声较大
	皮带轮传动	结构较简单，效率略低，噪声忽略不计，但皮带需要更换

5. 空气冷却器的风机有哪些基本要求?

答：空气冷却器风机要求压头低、流量大，一般采用空气螺旋桨型轴流风机。通常为立式安装。

6. 空气冷却器风机的叶片型式种类有哪些?

答：目前国内空气冷却器中采用较广的叶片型式共有三种系列：

(1) R 型叶片系列。

(2) HARTZELL 公司(英)叶型系列。

(3) HUDSON 公司(美)叶型系列。

7. 什么是可调角风机?

答：风机风量随叶片角的变化而变化，可以调节叶片角的风机则称为可调角风机。自动调角式风机，则可在运行中改变叶片角。

8. 引风式风机有哪些优缺点?

答：引风式风机优点如下：

(1) 气流分布均匀；(2) 噪声较小；(3) 管束下部空间可以利用。

引风式风机缺点如下：

(1) 风机安装在管束的上部，受管束高温的影响，不利于维护风机；(2) 经管束后进入风机的空气温度较高，故引风式比鼓风式消耗功率约大 10%；(3) 管束需从下部检修，操作不方便。

9. 鼓风式风机有哪些优缺点?

答：鼓风式风机优点如下：

(1) 易于产生湍流，对传热有利；(2) 操作费用较低；(3) 可以从上部检修管束，操作方便。

鼓风式风机缺点如下：

(1) 气流分布不均匀；(2) 管束上部敞开容易受日光和雨水的影响。

10. 空气冷却器风机配置需要考虑哪些技术要求？

答：空气冷却器风机配置应考虑以下要求：

(1) 根据设备噪声要求配置风机

噪声是环境污染公害之一，对人体健康危害很大。而空气冷却器风机群又是石油化工厂主要的噪声来源。根据环境保护的要求，厂区空气冷却器的噪声值不应高于 90 分贝[dB(A)]。新建工厂噪声值应低于 85 分贝[dB(A)]。在靠近市区或居民区的工厂，空气冷却器的噪声值应控制在 80 分贝[dB(A)]以内。居民区的噪声值大于 50 分贝[dB(A)]时，就会影响人的睡眠。工业噪声已制定国家标准，对工厂噪声加以限制。空气冷却器风机配置应注意以下与噪声有关的技术问题：

① 两台相同风机的噪声迭加后，合成噪声为单台风机噪声值加 3 分贝[dB(A)]。因此从噪声考虑，在同样风量下，风机直径宜大(风量大)，数量宜少，可降低风机群的组数和噪声。但一般每台(跨)空气冷却器风机数量不宜少于两台。

② 引风式或干-湿联合空气冷却器的噪声，比鼓风式小 3 分贝[dB(A)]。

③ 风机的噪声与风机叶片叶尖线速 4 次方和风量成正比。调角风机在调角过程中，由于风机叶片叶尖线速不变，仅风量改变，所以噪声值变化较小，全调程之噪声变化在 3~4 分贝[dB(A)]左右。调速风机由于风机叶片转速改变，噪声变化比较显著。

④ 要降低空气冷却器风机的噪声，有效的措施是降低风机叶片叶尖线速，选用宽叶片，低转速风机，如铝叶片低

噪声风机和玻璃钢 TB 叶片风机等低噪声机型。

(2) 根据介质终端温度控制精度要求配置风机

空气冷却器工艺设计时，气温一般是按当地历年最热月月平均最高温度选取的。寒冬季节，管内介质会发生“过冷”。当工艺介质终端温度控制严格时，可按介质终端温度要求进行风机配置。

(3) 考虑节能降耗要求配置风机

在相同流量下减少能量损失，应选择大容量、大直径的风机。经济条件允许时，空气冷却器尽可能选用自控风机。

由于调速风机在节能降耗、系统调节、控制灵敏度、设备维护等方面具有技术优势，空气冷却器可考虑优先选用调速风机。

11. 空气冷却器的百叶窗有何作用？百叶窗有哪些结构型式？

答：百叶窗主要用来调节空气冷却器的风量，特别在热风循环式空气冷却器中，热风循环量及排放量主要靠百叶窗控制。此外，百叶窗还能起到保护管束的“屏障”作用，防止日光对管束的直照或冰雹打坏翅片。但由于百叶窗的节流作用而损耗能量，故在一般的空气冷却器中，并不作为主要的调节风量的手段。

百叶窗的结构由叶片、调节机构及框梁几部分组成，如图 2-4 所示。

百叶窗主要有以下三种叶片型式，如图 2-5 所示。

(1) 折板顺开式　由 1.5mm 钢板或 2mm 铝板冲压成折面板，叶片的刚度较大，其结构如图 2-5(a)所示。

(2) 平板顺开式　一般由 1.6~2mm 钢板压成，结构较

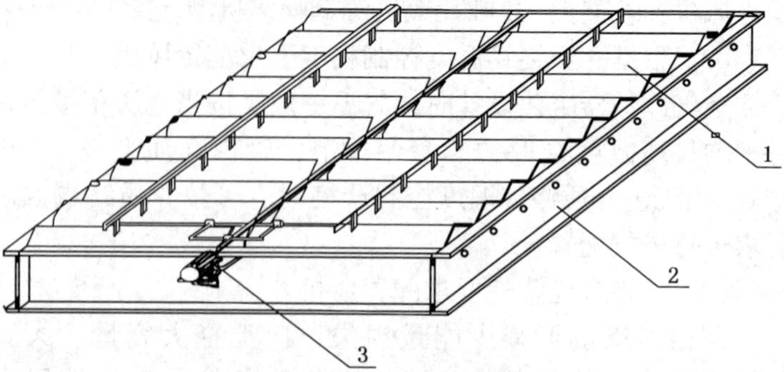

图 2-4　百叶窗结构

1—叶片；2—框梁；3—调节机构

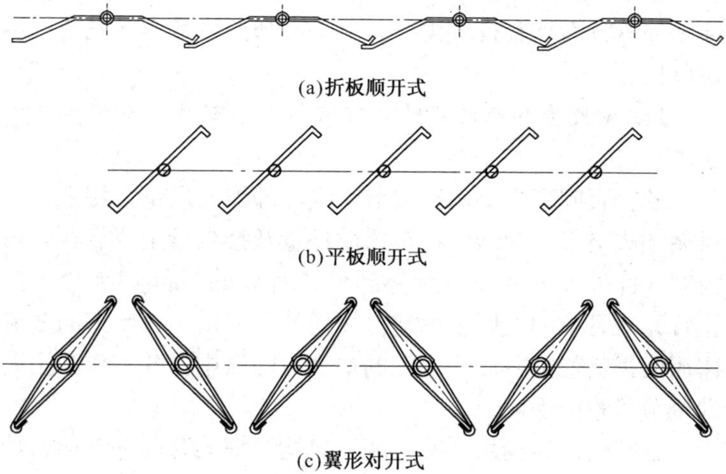

(a)折板顺开式

(b)平板顺开式

(c)翼形对开式

图 2-5　百叶窗的叶片型式

简单，但叶片宽度不宜太大，其结构如图 2-5(b)所示。顺开式叶片以相同的旋转方向开启，每个叶片开启角度相同。关闭时叶片端部重叠一部分。

(3) 翼形对开式　相邻叶片以相反的旋转方向开启，每个叶片开启角度仍相同，其结构如图 2-5(c)所示。对开式叶片结构和操纵连杆较顺开式复杂，但调节性能较好，气流的节流阻力也较小。顺开叶片结构比对开叶片简单，重盘也较轻，但刚度较差，易变形。

百叶窗的叶片有效长度不宜大于 1.6m，采用铝板材料厚度应大于 2mm；采用钢板材料厚度应在 1.5mm 以上，且表面应经镀锌或其他防腐处理。

12. 空气冷却器百叶窗的调节机构有哪些结构型式?

答：空气冷却器百叶窗的调节机构用来推动百叶窗叶片旋转调节，调节机构要求结构简单、灵活方便、操纵容易。百叶窗调节机构主要有以下结构型式：

(1) 手柄式机构　由手柄、转轴、曲柄、连杆几部分组成。搬动手柄使转轴转动、转轴带动曲柄、推动叶片的连杆，使叶片绕轴旋转。在定位架上有围绕转轴的若干小孔与手柄上小孔同心，当叶片启动到一定角度时，将手柄与固定架用插销固定起来，这种结构最为简单，使用也较多，但因转轴常因生锈或卡死，搬动起来很费力。

(2) 蜗轮式机构　由蜗轮、曲柄和连杆几部分组成，曲柄将蜗轮的蜗杆直线运动变为叶片的旋转运动，这类似连杆飞轮原理。蜗轮式机构可以使叶片转动到任意角度，且很省力。其缺点是叶片角度的调节慢，蜗轮也需很好的维护。

(3) 汽缸式机构　工作原理与蜗轮式机构相同，只是将蜗轮改换为汽缸，汽缸式机构很灵便，只要通入 0.3 ~ 0.4MPa 的工作气源，便能带动叶片运转。但单纯的汽缸机构，仅能使叶片启开最大或关闭，要调节叶片角度十分困难。要调节叶片角度，可选用自调式机构。

（4）自调式机构　在汽缸式机构上加上定位器、信号返馈系统而组成的。自调式机构比较复杂，各种仪表在现场极易失灵和损坏，所以除工艺操作特别需要外，现在使用已不太多。还有一种应用较少的膜盒式自调式机构。

13. 空气冷却器的翅片管有哪些基本要求？

答：翅片管是空气冷却器的基本冷却元件，对翅片管主要有以下几点要求：

（1）优良的传热性能。

（2）良好的耐温性能。

（3）良好的耐热冲击能力。空气冷却器在启动、停车或介质热负荷不稳定，以及气象条件发生骤变时，会造成翅片管壁温的频繁变化，这种热冲击可能导致翅片的松动，使翅片与管子间的接触热阻增加。

（4）良好的耐大气腐蚀能力。

（5）易于清理尘垢。

（6）较低的制造费用。

此外，还要求有足够的管内耐压能力，较低的管内压降，较小的空气阻力，良好的抗机械振动的能力和选用较易于取得的金属材料。实际应用中难以同时满足上述各项要求，应根据实际使用条件选择翅片管。

14. 空气冷却器翅片管有哪些型式？

答：空气冷却器翅片管有 L 型翅片管、LL 型翅片管、G 型(镶嵌式)翅片管、KL 滚花型翅片管、DR 型双金属轧制翅片管、TR 椭圆圆管绕片管、TC 型椭圆管套矩形片翅片管、T60 型板翅片翅片管等结构型式。图 2-6~图 2-12 为空气冷却器的各种结构型式。

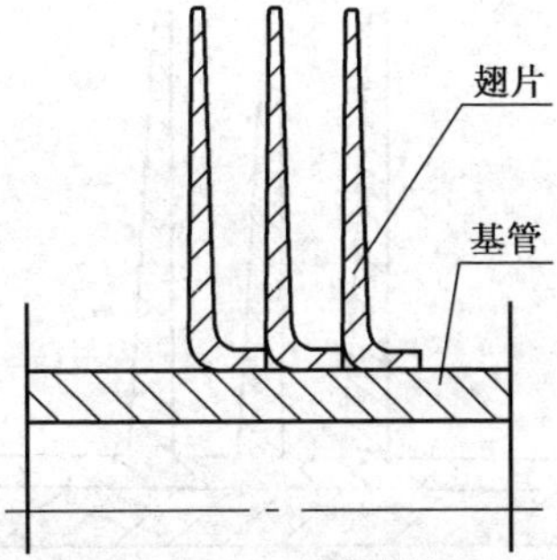

图 2-6　L 型翅片管结构型式

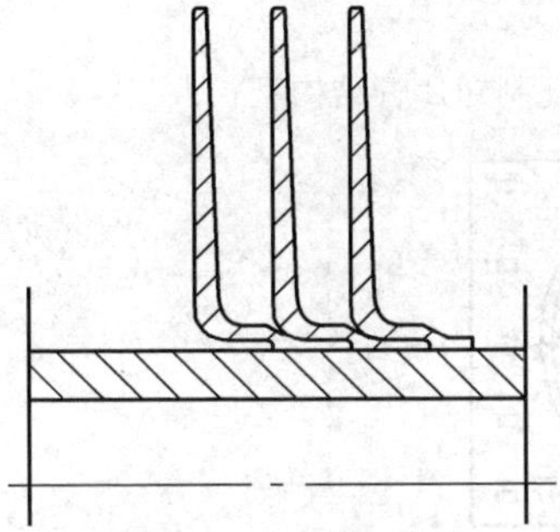

图 2-7　LL 型翅片管结构型式

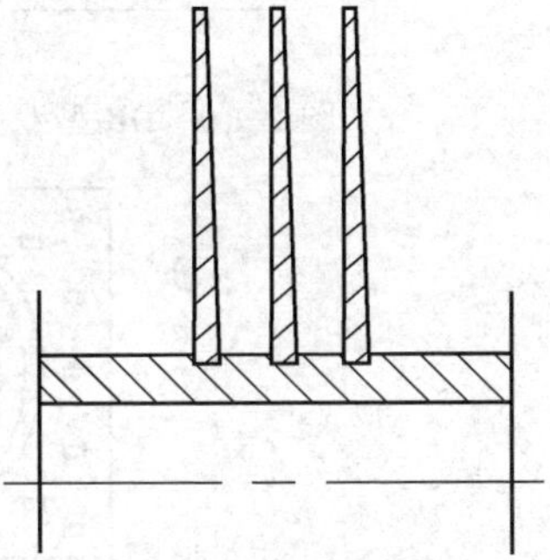

图 2-8　G 型(镶嵌式)翅片管结构型式

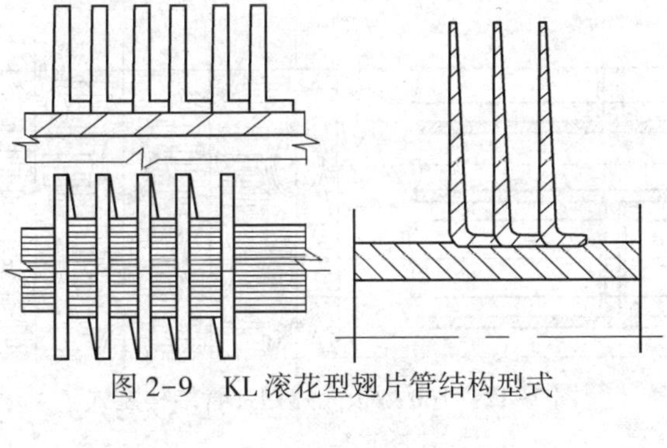

图 2-9　KL 滚花型翅片管结构型式

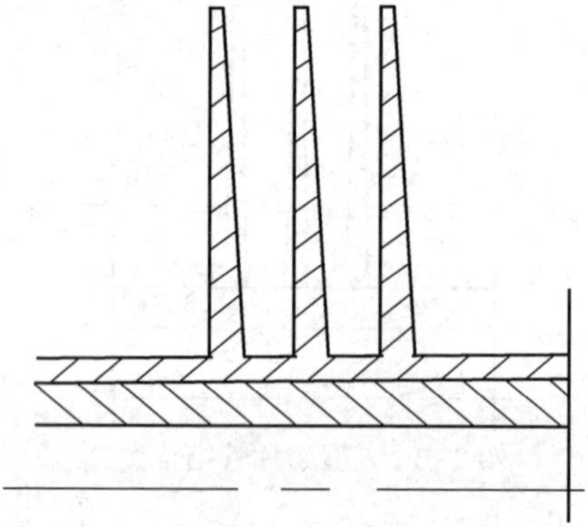

图 2-10　DR 型双金属轧制翅片管结构型式

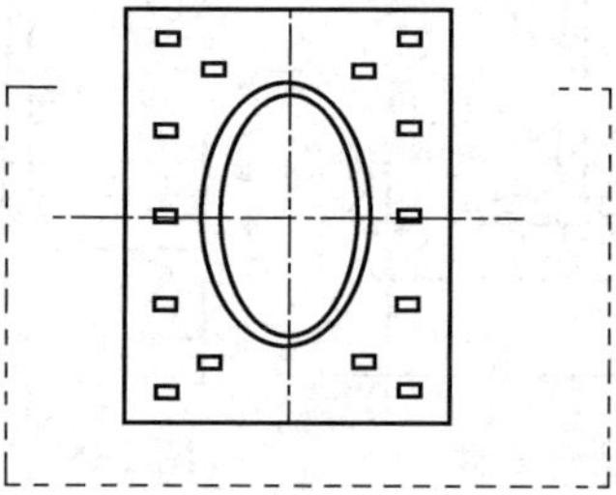

图 2-11　TC 型椭圆管套矩形片翅片管结构型式

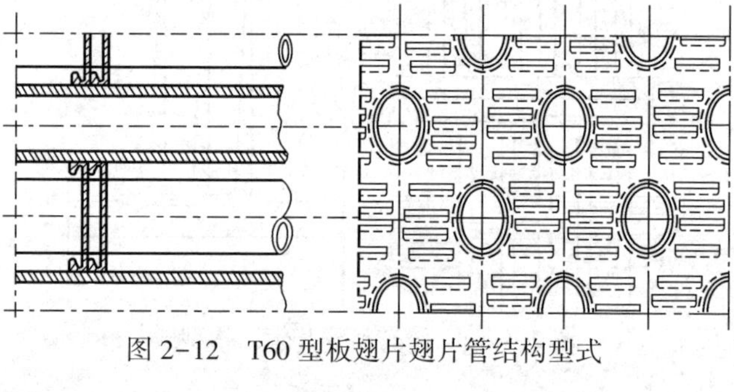

图 2-12　T60 型板翅片翅片管结构型式

15. 空气冷却器管箱有哪些型式?

答: 空气冷却器管箱有丝堵型管箱、可卸盖板管箱、集合管式管箱、可卸帽盖板管箱、全焊接圆帽管箱、整体锻造管箱等结构型式。图 2-13~图 2-15 为空气冷却器管箱的各种结构型式。

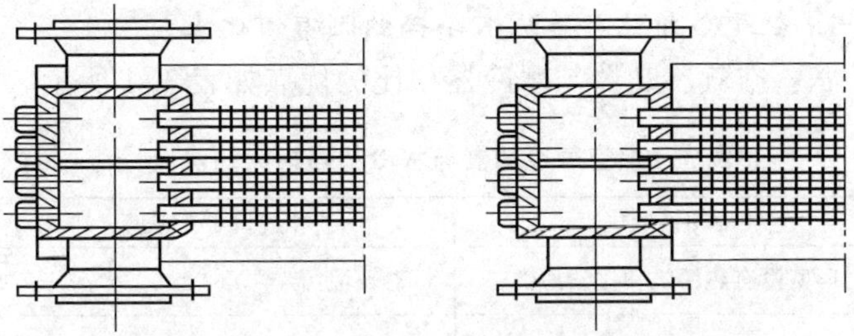

图 2-13　丝堵型管箱结构型式

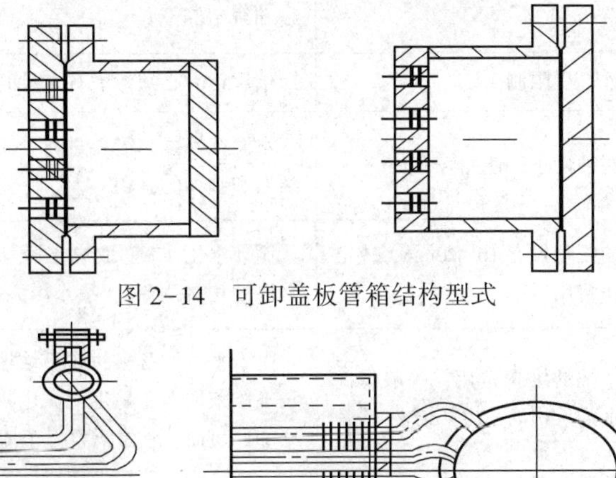

图 2-14　可卸盖板管箱结构型式

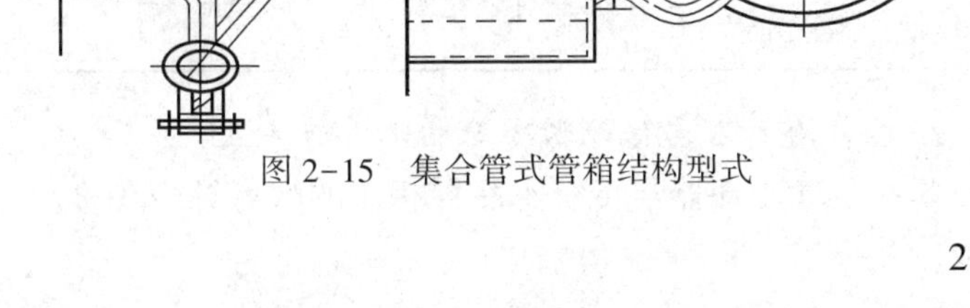

图 2-15　集合管式管箱结构型式

第三章 技术原理

1. 空气冷却器与传统水冷器相比有何优点？

答：空气冷却器与水冷器相比的优点如表 3-1 所示。

表 3-1 空气冷却器与水冷却器相比的优点

空气冷却器的优点	水冷却器的缺点
对环境没有热污染和化学污染	对环境污染严重
空气可随意取得，不需任何辅助设备和费用	冷却水往往受水源限制，要设置管线和泵站等设施
选厂址不受限制	选厂址时必须考虑有充足的水源
空气腐蚀性小，使用寿命长	水腐蚀性强，需要进行处理，以防结垢和脏物的淤积
空气的压降仅有 10~20mm，故空气的操作费用低	循环水压头高(取决于冷却器和冷水塔的相对位置)，故水冷能耗高
空冷系统的维护费用，一般情况下仅为水冷系统的 20%~30%	由于水冷设备多、易于结垢，在温暖气候条件下还易生长微生物，附于冷却器表面，常常需要停工清洗
一旦风机电源被切断，仍有 30%~40%的自然冷却能力	电源一断，即要全部停产

2. 空气冷却器与传统水冷器相比有何缺点？

答：空气冷却器与传统水冷器相比的缺点见表 3-2。

表 3-2 空气冷却器与水冷器相比的缺点

空气冷却器的缺点	水冷却器的优点
由于空气比热小，且冷却效果取决于干球温度，通常不能把工艺流体冷却到环境温度	水冷通常能使工艺流体冷却到低于空气温度 2~3℃，且循环水在水塔中可被冷却到接近环境湿球温度
大气温度波动大，风、雨、阳光，以及季节变化，均会影响空气冷却器的性能，在冬季还可能引起管内介质冻结	水冷对环境温度变化不敏感
由于空气侧膜传系数低，故空气冷却器的冷却面积要大得多	水冷器结构紧凑，其冷却面积比空气冷却器要小得多
空气冷却器不能紧靠大的障碍物，如建筑物、大树，否则会引起热风循环	水冷器可以设置在其他设备之间，如管线下面
要求用特殊工艺制造的翅片管和风机	用一般列管式换热器即可满足要求
有一定的噪声	无噪声

3. 空气冷却器的工艺流程布置有哪些模式？

答： 空气冷却器的工艺流程布置有以下一些模式：

（1）前干空冷-后水冷；

（2）前干空冷-后湿空冷；

（3）干湿联合型空冷；

（4）全干空冷；

（5）全湿空冷。

4. 空气冷却器是如何使空气流过管子的？

答： 一般将冷却风（空气）吹过管子，进行热交换，它包括引风式和送风式两种。

（1）引风式　风机安放在管束的上方，将空气抽离管束，结果在风机的下方产生一个微弱真空，周围的空气被吸入并流过管束。

（2）送风式　风机装在管束下方，由于风机产生风压，迫使空气流过管束。

5. 什么叫空气冷却器的迎风速？它的大小有什么影响？

答：空气冷却器的迎风面指管束迎风的一面。迎风面的面积为管束外框内壁以内的面积，它近似地等于管束的长乘宽。空气通过迎风面的速度简称为迎风速。

空气冷却器迎风面空气流速太低时，影响传热速率。特别是湿空冷器，如果迎风速过低，水就不能吸到里面的管子表面。大部分管束成了干空冷器而大大降低冷却效果。迎风速过大，影响空气压力降，从而影响功率消耗。因此，对迎风面速度需要规定一定的范围，最大不超过 3.4m/s，最小不低于 1.4m/s(标准状态)。

6. 空气冷却器有哪些通风方式？

答：空气冷却器的通风方式主要有强制通风与诱导通风两种形式，或分为三种方式：（1）鼓风式；（2）引风式；（3）自然通风式。鼓风式的风机放在空气冷却器管束的下面。引风式的风机放在空气冷却器管束的上面。

7. 空气冷却器中的自然通风式有哪些优缺点？

答：优点如下：

（1）利用温差引起的空气自然对流进行冷却，适用于大处理量的热能工厂，如大型火电、核电站汽轮机乏汽冷凝冷却。

（2）不需风机，噪声小，节约电能。

（3）检修少。

缺点如下：

一次投资大，在石油、化工装置中尚未见使用。

8. 表面蒸发式空气冷却器的工作原理是什么？

答：表面蒸发式空气冷却器是一种将水冷却与空气冷却、传质与传热过程融为一体，并保持其各自优势性能的高效节能冷凝、冷却设备。

表面蒸发式空气冷却器的工作原理是：用泵将下部储水池中的循环水输送到位于水平放置的光管管束上方的喷淋分配器，由分配器的喷头将冷却水向下喷淋到光管表面，使管外表面湿润并形成连续的水膜。同时，用风机将空气从设备下部的空气吸入窗吸入，自下而上掠过光管管束。传热过程一方面依靠水膜与空气间的显热传递进行；另一方面利用管外水膜的迅速蒸发来强化管外传热。

表面蒸发式空气冷却器利用空气和水两种冷介质，分别利用显热和蒸发潜热共同冷却、冷凝热介质，使热介质的温度可降低到空气的湿球温度附近，可一步完成干式空冷器和水冷器的工作任务。设备运行过程中，水不断地喷淋在换热管束表面上，一部分蒸发吸收热介质热量，由性能稳定可靠的风机将热量散发至大气中；未蒸发的部分，回流入设备下部的水箱内，利用循环水泵再次送至喷淋系统循环利用。由于水的汽化潜热很大，水膜的蒸发强化了管外表面的传热，使设备总体传热效率较单纯的空冷器或水冷器高得多。

9. 表面蒸发式空气冷却器与传统空气冷却器相比较有何特点？

答：表面蒸发式空气冷却器与传统空气冷却器相比能节省大量成本：与水冷式空气冷却器相比，节省投资15%以上，节省操作费用约70%，而且企业无需修建冷却水塔等水处理系统；与干式空气冷却器相比，节省投资30%以上，节省操作费用约30%。

表面蒸发式空气冷却器的显著优点是：冷却效率高，同样条件下降温效率比传统空气冷却器提高4倍以上；节能降耗，同样条件下可降低约30%的能耗；环保，实现了水的循环利用，不排放废水。

表面蒸发式空气冷却器的结构特点是：

(1) 表面蒸发式空气冷却器的最大结构特点是将冷却塔和列管式换热器合为一体，省去了单独的循环水系统，减少了设备的占地面积；

(2) 表面蒸发式空气冷却器采用光管作传热管，可大大降低设备一次性投资；

(3) 表面蒸发式空气冷却器使用光管的空气阻力小，空气冷却器风机的负荷相应降低。

表面蒸发空气冷却器的传热特点是：

(1) 表面蒸发式空气冷却器适用于介质入口温度低于80℃的冷凝冷却，冷后介质出口温度可接近环境湿球温度；

(2) 表面蒸发式空气冷却器可同时利用冷却水的潜热和显热，空气冷却器的传热效果可比立式水冷器提高34.3%。

10. 表面蒸发式空气冷却器适用于什么场合？

答： 表面蒸发式空气冷却器适用于以下场合：

(1) 炼油和化工行业中各种塔顶油气的冷凝冷却、油品的冷却、压缩机级间冷却；

(2) 电力、冶金、制冷等行业中的冷却水、蒸汽、致冷剂及其他工艺流体的闭路循环冷却，尤其是80℃以下介质的冷凝、冷却与其他冷却设备相比具有难以匹敌的优点。

表面蒸发式空气冷却器能够有效、安全、稳定地应用于化肥厂、化工厂冰机系统压缩机冷却器，炼油、化工厂的酮苯脱蜡(脱油)装置、气体分馏装置、丙烷(丁烷)脱沥青装置、烷基化装置、烷基苯装置、糠醛装置、重整装置、芳烃抽提装置、干气脱硫装置、制氢装置、汽油异构化装置、汽油醚化装置、正己烷装置、汽油柴油加氢装置、航煤加氢装置、航煤脱硫醇装置、常减压装置、催化装置以及天然气轻烃回收装置和冶金行业等。

11. 空气冷却器为什么要用翅片管?

答: 因为空气冷却器采用的是空气作冷却剂，但空气的传热系数很小，一般只有15~50kcal/(m^2·h·℃)，而液体的传热系数高达几百kcal/(m^2·h·℃)，因此要想达到良好的传热效果，必须采取强化措施。采用翅片管的目的就是增大传热面积，提高传热系数，增强传热效果。

12. 湿空冷和干空冷有什么不同?

答: 湿空冷与干空冷的不同点就是向空气冷却器的翅片管上喷洒雾状水，依靠水在翅片管上的蒸发，强化传热，达到降低介质出口温度的目的，同时可以减少后冷却设备。

13. 空气冷却器中前干空冷–后水冷的工艺流程布置有哪些适用场合、特点及缺点?

答: 前干空冷–后水冷的适用场合、特点及缺点见表3–3。

表3–3 前干空冷–后水冷工艺流程布置的特性

适用场合及特点	缺点
水源充足	需另有循环水冷却系统
要求介质终端温度接近大气湿球温度者	操作费、电耗及检修费数大
装置内场地较紧凑	终端温度控制较差

14. 空气冷却器中前干空冷–后湿空冷的工艺流程布置有哪些适用场合、特点及缺点？

答：前干空冷–后湿空冷的适用场合、特点及缺点见表3–4。

表3–4　前干空冷–后湿空冷工艺流程布置的特性

适用场合及特点	缺　点
水源不足	后湿空冷占地面积比后水冷略大
要求循环水量尽可能少的场合，水耗约为前干空冷–后水冷工艺流程的5%~10%	操作技术比采用后水冷者要求略高
介质终端温度可冷至高于大气湿球温度约5℃左右	—
操作费用较使用前干空冷–后水冷工艺流程小20%~40%	—
一般湿空冷的排水可过滤后重复使用，不需另设循环水场，或作其他循环水的补充水	—

15. 空气冷却器中干湿联合型的工艺流程布置有哪些适用场合、特点及缺点？

答：干湿联合型空冷器的适用场合、特点及缺点见表3–5。

表3–5　干湿联合型空冷器工艺流程布置的特性

适用场合及特点	缺　点
用于中、小处理量场合，或大于处理量干空冷后冷	操作技术比采用后水冷者要求略高
占地面积小	—

续表

适用场合及特点	缺　点
操作费用省	—
湿空冷的排水可过滤后重复使用，不需另设循环水场，或作其他循环水的补充水	—

16. 空气冷却器中全干型的工艺流程布置有哪些适用场合、特点及缺点？

答：全干型空冷器的适用场合、特点及缺点见表3-6。

表3-6　全干型空冷器工艺流程布置的特性

适用场合及特点	缺　点
可用于寒冷地区或介质终端温度比夏季设计气温高15~20℃以上的场合	占地面积略大
可用于高压介质冷却系统，不再设后冷	—
运转费用较采用前干空冷—后水冷者为廉	—

17. 空气冷却器中全湿型的工艺流程布置有哪些适用场合、特点及缺点？

答：全湿型空冷器的适用场合、特点及缺点见表3-7。

表3-7　全湿型空冷器工艺流程布置的特性

适用场合及特点	缺　点
作为干空冷的补充手段	如进口温度高于80℃时，钢翅片管表面易结水垢
进口温度低的介质（如≤75℃）冷却，且终冷温度要求高于大气湿球温度约5℃左右者	—

18. 如何使用空气冷却器风机的特性曲线?

答: 风机的操作是空气冷却器正常运行的关键, 风机特性曲线是风机正确使用的重要依据。

风机购入时, 制造厂都提供有风机特性曲线图(即风量 Q、压头 H 及轴功率 N 之间关系图), 由于空气冷却器冷媒是空气, 冬夏季空气温差很大, 空气的物性差别也较大, 如果操作不当, 不仅能耗较大, 而且会造成被冷却介质的过冷(冻凝或结晶)或风机超负荷运行烧坏电机的事故。因此, 用户在操作过程中, 技术人员应掌握风机特性曲线的使用方法, 针对不同季节和不同操作条件, 对风机运行工况进行调节。

风机的特性曲线, 一般是用直径为 1m 的标准风机, 在风洞里进行测定的。风机出厂时, 有的制造厂向用户提供的是标准风机流量系数、压头系数及轴功率系数的关联图。用户要根据自己选用的风机直径及转速, 换算成实际风量、压头及轴功率。

有的制造厂直接向用户提供了不同直径风机在固定转速下的特性曲线, 这样的特性曲线适用于调角风机(风机转速是固定的), 当风机变速时, 这种特性曲线使用起来就不方便, 可利用风机特性换算公式进行特性换算。由于不同的制造厂所研制的风机叶型有所不同, 风机的特性曲线也不尽相同。用户一定要按购入风机的制造厂所提供的特性曲线图来调节风机。

19. 空气冷却器运行产生噪声的原因是什么?

答: 空气冷却器是生产企业中产生噪声的设备之一。空气冷却器的噪声主要来自风机设备, 运行噪声主要包括空气动力噪声、机械噪声和电机噪声三部分。空气冷却器最主要的噪声来源是空气动力噪声，空气动力噪声由以下几种原因产生：

(1) 旋转性噪声　这种噪声是风机叶片在运行中不断地撞击空气而产生的，因此是周期性的。其声压取决于叶尖速度和叶片厚度。改善叶型设计，降低叶尖速度和叶片厚度，都能使旋转性噪声降低。

(2) 压差性噪声　这种噪声是由于叶片弦面上下的压差而产生的。因此，降低叶尖速度以降低风压，增加叶片宽度甚至叶片数，都将使压差性噪声降低。

(3) 回流性噪声　这种噪声是气流通过叶尖间隙和叶根部回流而产生的。因此，降低叶尖速度，减少叶尖间隙和安装挡风盘，将使回流性噪声降低。

(4) 涡流性噪声　这种噪声是气流流经叶片弦面后缘时，气流分离而产生的。当叶尖速度和叶片角增加时，分离点向前缘方向移动，涡流区扩大，噪声增加。因此，降低叶尖速度和减少叶片角，都将使涡流性噪声降低。

根据上述分析，空气冷却器产生的噪声主要受到风机结构、叶尖速度、风压和叶片角等因素影响。噪声值主要取决于叶尖速度、噪声值并与叶尖速度的 5.6~5.8 次方成正比，噪声值与通过叶片的空气压差的 1.4 次方成正比。噪声值与风量的关系不大。此外，空气冷却器的运行噪声还与配用风机的台数有关，风机台数增加时噪声值也增加。

第四章 设计选型

1. 空气冷却器总体结构设计应从哪些方面作选择性考虑?

答:应从以下方面作选择性考虑:

(1) 工艺流程;(2) 结构型式;(3) 通风方式;(4) 风量控制方式;(5) 防凝防冻方式。

2. 空气冷却器的布置应注意哪些问题?

答:空气冷却器入口空气温度对其热工性能有很大影响。如果空气冷却器布置不当,空气冷却器入口空气温度有时会高于当地的平均气温。特别是在夏季,当出现这一情况时,空气冷却器的冷却效果就会受到很大的影响。其原因,一是由于空气冷却器排出的热风有一部分被风机抽了回去,这个现象叫做热风循环;二是空气冷却器距离某些温度较高的设备太近。这两个原因中,前一个原因尤为重要。

热风再循环严重地影响着某些空气冷却器的传热性能。在某些情况下,由于热风再循环的影响,空气冷却器进口处空气温度可能会增加5℃,从而使对数平均温差为15℃的空气冷却器降低传热量30%。为了减少或避免热风循环,在布置空气冷却器时应根据夏季主要风向合理地进行全装置的布置。最好不要把空气冷却器布置在大型设备或较高建筑物的下风处,否则影响空气流通。风机距离地面也不能太近,一般都放在平台或管架的上部。对于斜顶式空气冷却器如果布置不当，更容易引起热风循环。必须注意不要把斜顶空气冷却器的管束正对着主导风向，其中特别要考虑夏季的主要风向。另外，为防止空气冷却器腐蚀、结垢及着火，在布置时注意在它的上风处不要有腐蚀性气体、粉尘及油气排出。

为了减少或避免受温度较高设备的影响，在布置上必须与炉子、换热器、塔、罐及热油泵等有一定的距离，在空气冷却器的下面，不要布置温度较高的设备。另外，为防止空气冷却器腐蚀、结垢及着火，布置时注意在它的上风处不要有腐蚀性气体、粉尘及油气排出。为防止热风再循环，空气冷却器设计和安装时要十分注意避免发生热风再循环现象。对存在热风循环的空气冷却器，有经验的设计者有时根据实际情况，将设计气温提高3℃左右。

3. 空气冷却器的管程数如何选择？

答：空气冷却器的管程数的选择应考虑下列因素：

(1) 允许管内系统阻力降大者，可考虑采用多管程，反之，以选用少管程数为宜。

(2) 一般液体流速应在0.5~1 m/s，气体流速可在5~10 kg/(m^2·s)。根据此流速核算所选管程数，管内阻力降应在允许范围内。

(3) 对于冷凝过程，如对数平均温差的校正系数小于0.8，或含有不凝气成分时，则应考虑采用两管程以上的管程数。

(4) 对于多管程的管束，每一管程的管程数应按该管程介质流率确定，特别是对于气体冷却或有冷凝过程的管束，设计成不同管数的管程较为合理。

4. 空气冷却器管束一般选用多少排管？长度是多少？

答：空气冷却器管排数的选用可参照表4-1。

表 4-1　管排数选用表

类　别	建议管排数	类　别	建议管排数
冷却过程：		冷凝过程：	
轻碳氢化合物(汽油、煤油等)	4或6	轻碳氢化合物(汽油、煤油等)	4或6
轻柴油	4或6	水蒸气	4
重柴油	4或6	重整或加氢反应器出口气体	6
润滑油	4或6		
塔底重质油品	6或6	塔顶冷凝器	4或6
烟气	4		
汽缸冷却水	4		

热流体温度范围/℃	总传热系数/[W/(m²·℃)]	推荐管排数
$\Delta T \leqslant 6$		3
$6 < \Delta T \leqslant 6$		3
$50 \leqslant \Delta T \leqslant 100$	<340	5
$100 < \Delta T \leqslant 170$	<230	6
$\Delta T > 170$	<170	8

当空气冷却器是干-湿联合空气冷却器时，立置空气冷却器管束可选用2~3排管，斜置空气冷却器管束可选用4排管。

5. 如何在低温环境中选用空气冷却器？

答：在寒冷地区使用空气冷却器或对高黏性、高凝固点流体采用空气冷却设备，是安全、可靠、经济地选用空气冷却器的重要技术问题。在我国北方，冬夏两季气温相差很大，有的地方可高达60~70℃，再加上空气冷却器各管排间热负荷分配不均匀、不凝气现象的存在，如设计不当，则在一般气温条件下不易发生的问题，如管内流体发生凝固、堵塞和冻结等现象，在低温环境中就容易发生。

为防止流体在空气冷却器管内凝固和冻结，可采取以下措施：

（1）对管内流体进行均匀分配，避免产生偏流现象。如在管路系统上采用Π形或双Π形连接方式、增加管束的接管数目、对接管进行合理的布置等等。

（2）调整送风量，采用自动调角风机和百叶窗，在气温变化时，调节通风量，在低温时减少送风量。

（3）为避免对某些流体的过度冷却，可采用光管或大口径低翅化比的翅片管。

（4）在管束下面装设蒸汽盘管，蒸汽盘管只在设备启动、停止和间歇运行的情况下使用。

（5）冬季采用顺流换热，夏季采用逆流换热。在冬季，高温工艺流体首先和冷流体接触，由于流体温度高、黏度小，不易凝固，当流体温度下降后，因空气已被加热，再接触也就没有凝固危险了。但这样会使传热温差减少，要求增加传热面积。为避免此问题，可在夏季将流动方向切换，改为逆流换热。

（6）对空冷蒸汽冷凝器，可采用分段冷凝的方法，如采用主冷凝器和辅助冷凝器的串联系统。另外要合理选择管内蒸汽流速和管长，冷凝长度过长，易引起凝结水的过冷而冻结。

（7）要对壁温进行计算，使之高于液体的凝固点。

（8）采用热风循环式空气冷却器，除可防止液体的冻结外，还可对工艺流体的出口温度进行严格的控制。

6. 低温环境下空气冷却器可选用哪些热风循环方式？

答：在低温环境中采用热风循环式空气冷却器是防冻防凝的有效措施。低温环境下可选用以下热风循环方式：

（1）鼓风式内部热风循环　这种设计要求在每一跨空气冷却器的两台风机中有一台能够调角运行。当环境气温降到危险点时，调节一台风机叶片的倾角，驱动空气向下流动，进入另一台风机进行循环。为了防止风向和风速对向下气流的影响，在风机入口装有风屏，风屏一般高为1.2~2.4m。在换向向下吹风和复位向上吹风之间，在设计上要有3℃左右的缓冲区间，否则风机将会在向上或向下鼓风之间反复变化。另外在某些情况下，当风机向下吹风时应考虑风机下面的设备能否承受较高的空气温度。这种热风循环方式的缺点是冷热空气不能达到良好的循环和充分的混合，冷热空气仍有分层流动的现象，如处理不当，仍有可能造成冻结。此设计用于流体出口温度不要求严格控制，但又希望保持风机原有设计的优越性，可省去百叶窗的投资。

（2）具有顶部百叶窗的鼓风式内部热风循环方式　由于采用百叶窗结构，可使热风循环性能明显提高。可采用夏季和冬季两种运行方式。在夏季运行方式中两个风机均向上送风，并用自调风机和顶部百叶窗来调节流体的出口温度。当气温下降到危险值时，就改为冬季运行方式，使其中一台风机向上送风。根据流体出口温度的变化来调整风机叶片的角度，根据进入管束的循环风的温度来调节百叶窗的开度。

（3）吸风式内部热风循环方式　基本情况及应用与鼓风式内部热风循环方式相类似。

上述三种内部热风循环方式虽然具有设计简单、投资少等优点，但不能真正使空气很好地循环和混合。尽管采用了风屏，冷热空气仍会发生分层流动，这将引起冻结或引起流体出口温度发生变化，在严寒气候条件下还不能完全满足选用要求。因此，外部热风循环方式受到重视，虽然投资多些，设计复杂些，但对流体出口温度可进行精确地控制。外部热风循环只用于鼓风式结构型式。

(4) 鼓风式外部热风循环方式　这种热风循环方式一般将热风循环通道和百叶窗布置在空气冷却器两侧，运行中风机总是向上鼓风。当环境气温降到指定值时，打开旁通百叶窗，关闭顶端百叶窗，以此来保证到达管束上的混合空气温度为指定值。这种设计不一定采用自调风机，如果采用一般风机，可通过调节百叶窗来控制出口温度，但这种控制是不精确的。此种热风循环设计方案能在任何一种气温下运行，它可以关闭所有的进口和出口百叶窗，空气通过热风循环通道进行循环。外部热风循环的调节是保持进入管束的空气温度为定值，改变通过管束的空气流量，以达到控制工艺流体出口温度的目的。进入管束的空气温度是借助于空气温度调节器调节进气、排气和短路百叶窗来保特。空气流量的调节借助于流体出口温度调节器控制可调风机来实现。压力平衡必须计算空气入口、出口、旁通百叶窗、蒸汽盘管和转弯处的压力损失。在外部热风循环方式中，风机的最大出力不是在夏季，而是在冬季。要根据所要求的混合空气温度计算所必须的循环空气量，为了安全，还须留有余量。外部热风循环可以设计成单侧热风循环，其优点是节约材料。不循环的一侧可以和其他空气冷却器连接在一起，减少占地面积，便于布置。外部热风循环方式也可用于老厂的技术改造。

上述几种热风再循环方式各有特点，有的方式系统比较复杂，涉及部件较多，某个部件失灵都会影响整个设备的运行，所以对部件可靠性的要求比较高。一般百叶窗在严寒地区易出故障，所以百叶窗的轴承、销钉及连杆的材料都要比一般的标准加强。风机、电动机及传动机构必须是高质量的，并有一定的安全系数。

7. 如何在炎热干燥地区选用空气冷却器？

答：在炎热干燥地区，夏季空气温度较高，即使减少空气冷却器的接近温差，增加传热面积，也不可能将管内工艺流体的温度冷却到所要求的数值。所以在炎热干燥地区需要选用特殊结构的空气冷却器。

(1) 增湿型空气冷却器　在大陆性气候或沙漠地区，气温较高而且比较干燥，干球温度与湿球温度之差大于 30 ℉。若能采用对空气增湿的办法，将空气的干球温度降低到接近湿球温度，则可使传热温差增加，冷却能力提高。增湿型空气冷却器由增湿室、水分离器、循环水泵和空气冷却器组成。水由循环水泵连续不断地从水池送到水分布板上，喷入增湿室中。空气通过增湿室时，由于水分的蒸发汽化，被冷却到接近湿球温度，然后经过水分离器除去水分后进入空气冷却器。当大气温度高于设计值时，通风室中的风门关闭，当大气温度低于设计值时，风门自动打开，水也就自动切断，使空气直接通过翅片管束。这样在夏季的夜晚及秋冬季，循环水泵可以不启动，空气冷却器按干式运行。增湿型空气冷却器在一些国家，主要是中近东地区得到应用。我国大部分地区相对湿度偏高，除西部地区外，较少选用增湿型空气冷却器。

(2) 空气冷却器与冷却塔联合使用　空气冷却器与冷却塔组合在一起，高温空气在冷却塔中先与水直接接触进行预冷，预冷后的低温空气再作为冷却介质供给空气冷却器，用以冷却工艺流体。此法的优点是：① 耗水量少；② 可根据空气温度的变化调整冷却塔的运行方式，气温低时冷却塔停用，空气直接进入空气冷却器；③ 不必进行水处理，含盐或含碱的水都可以使用；④ 空气冷却器排出的空气不带水雾或凝结水滴，因为空气在通过翅片管束后，其中的水蒸气是不饱和的，不可能有水雾；⑤ 通过翅片管束的空气是洁净的，夏季空气经过冷却塔洗涤后，尘土、沙子及昆虫都洗掉了。另外，现有的冷却塔也可与空气冷却器组合，即将空气冷却器紧靠冷却塔安装，从冷却塔下部抽出的预冷空气作为空气冷却器的冷却空气。这样既增加了冷却塔的处理能力，也满足了空气冷却器的需要。

8. 空气冷却器减少热风再循环可采取哪些措施？

答：空气冷却器采取下列措施可减少热风再循环：

(1) 采用吸风式空气冷却器，以提高空气冷却器出口风速。在吸风式空气冷却器中，热空气出口速度可比入口空气速度高 2.5 倍。而鼓风式空气冷却器则难以提高出口风速。

(2) 对多排空气冷却器布置来说，不同吸风断面必须处于同一水平上，并且应尽可能使各排空气冷却器互相平行，其最小间距应是管长的 3 倍。

(3) 各排翅片管的位置最好与主导风向平行。另外低温流体的空气冷却器应布置在上风向，否则高温流体空气冷却器的出口热风又被吹到下风向的空气冷却器，造成热风循环。

(4) 空气冷却器与塔、其他热源及高建筑物要有一定间隔，而且空气冷却器要布置在其他热源夏季主导风向的上风向。

（5）斜顶空气冷却器管束不要面对夏季主导风向。

9. 塔顶空气冷却器有什么优点？

答： 将空气冷却器安装在塔器设备顶部的塔顶空冷器是一种新型空气冷却器，塔顶空冷器有立式、联合型、V 型和斜顶式等多种结构型式。塔顶空冷器的优点为：

（1）安装地点不受冷却介质限制，空气来源方便，而且取之不尽，用之不竭；

（2）在塔顶上安装设备不需要附加的设备占地面积；

（3）不需要复杂的支承结构，塔器设备结构可用塔身支承空气冷却器；

（4）由于空气冷却器与塔直接相连，管内压力损失较少；

（5）空冷凝汽器的冷凝液直接流入塔的上部塔盘，可取消回流泵设备；

（6）调节简单，工艺流体的压力和温度依靠对冷空气流量的自动调节来实现；

（7）对风、雨、雪等不利的气象条件能进行适当的防护；

（8）可采用热风再循环方式预防流体的过冷、冻结或疑固。

10. 空气冷却器为什么要设置百叶窗？

答： 根据空气冷却器的设计要求设置百叶窗，通过控制其叶片开启度，可用于调节风量以控制工艺参数；抵御特殊气象干扰(如暴雨)或热风再循环运行之用。

11. 提高空气冷却器风机效率有哪些措施？

答： 提高风机效率对改善空气冷却器的传热性能和节约能源具有重要的意义。提高空气冷却器风机效率主要有以下几方面措施：

（1）选用优化结构设计的高效叶片型式。叶片型式设计是提高风机效率的关键技术，国外各设备制造厂和有关科研单位都进行了大量的设计计算和实验研究工作。

（2）减小叶片尖端与风圈间的径向间隙。叶片间隙是影响风机效率的重要因素。通过叶尖间隙的回流，会导致风量和风压的迅速下降，API的规定值为叶轮直径的0.5%。控制叶片间隙值，必须提高风圈的制造精度和刚度。也可在风圈内壁贴附一层柔性材料，以保证最小而安全的叶尖间隙。贴附材料可采用蜂窝状薄铝板，安装时切割至规定内径值。

（3）采用挡风盘措施。挡风盘措施可以减少叶片根部的回流风量，从而减少风量损失。挡风盘的外径与叶轮直径的比应是叶型的轮毂比，以便阻挡叶片根部的回流，并改善气流速度场的均匀程度。

（4）鼓风式空气冷却器的风圈入口处加装导流圈部件。加装导流圈可以降低进风阻力，改善进入叶轮时的气流状态，减少气流流动损失。

（5）正确选用工作参数。在满足空气冷却器风量和风压要求的条件下，应选择较低的转速。虽然API规定叶尖速度为12000ft/min，但实际选择叶尖速度时应尽量低于此值。

（6）选用较小的叶片角。随着叶片角的增加，风量和风压也随之增加，但是气流也将在叶片翼剖面过早分离，在翼面后缘处形成较大的空气涡流区，使得空气流动效率降低。所以应选用较小的叶片角。从风机特性曲线图中可知，风机单位风量所需的电功率随叶片角的增加而迅速增加。

12. 降低空气冷却器运行噪声的措施有哪些？

答：降低空气冷却器运行噪声可以采取以下措施：

（1）降低风机叶尖速度。这是最主要的降低噪声措施，一般可将风机叶尖速度降至50m/s甚至40m/s左右。

（2）改善风机叶片型线(翼剖面)。为适合低转速运行的要求，可增大叶片宽度或叶片数，来满足风量和风压值要求。

（3）限制风机叶片角度值。

（4）控制风机叶尖间隙值。

（5）采用风机轮毂挡风盘装置。

（6）适当采用吸音措施或隔音屏障设施。风机采用吸音或隔音措施可以将噪声降低到允许值，但是吸音设施结构庞大，制造费用较高，材料消耗量大。

（7）鼓风式风机进风口加装栅状结构(如拉网钢板保护网)和导风环部件。加装栅状结构和导风部件可以减少气流扰动，衰减较大涡流，起到较好降低噪声的作用，但也会增大空气流动阻力损失。

（8）空气冷却器采用引风式风机。鼓风式风机的进风口无法密闭，噪声向下传播不受阻碍，噪声值较高。引风式正相反，传声方向可远离操作平台，噪声值可低于鼓风式3分贝。

13. 如何选择空气冷却器翅片类型?

答：可根据表4-2，依据管内膜传热系数对翅片类型进行选择。

表4-2　空气冷却器管内膜传热系数选用表

管内膜传热系数/[W/(m^2·℃)]	选用翅片类型
>2000	高　翅
1200~2000	高翅或低翅
120~1200	低　翅
<120	光　管

14. 空气冷却器 L 型翅片管有哪些适用范围、特点及缺点?

答: L 型翅片管的适用范围、特点及缺点见表 4-3。

表 4-3 L 型翅片管的特性

适用范围及特点	缺 点
最高介质温度 T: 钢管铝片 $T \leqslant 150$ ℃、铝管铝片 $T \leqslant 150$ ℃	不宜用于振动很大的机械中; 在湿空气冷却器中使用寿命较短
最高使用压力 P: 钢管 $P \leqslant 32$ MPa、铝管 $P \leqslant 0.25$ MPa	
价格较廉,使用最多	

15. 空气冷却器 LL 型翅片管有哪些适用范围、特点及缺点?

答: LL 型翅片管的适用范围、特点及缺点见表 4-4。

表 4-4 LL 型翅片管的特性

适用范围及特点	缺 点
最高介质温度为 170℃,最高使用压力与 L 型翅片管相同	价格较 L 型略贵
抵抗大气腐蚀比 L 型翅片管好,适用于湿空冷器	
传热性能比 L 型翅片管略好	

16. 空气冷却器 G 型(镶嵌式)翅片管有哪些适用范围、特点及缺点?

答: G 型(镶嵌式)翅片管的适用范围、特点及缺点见表 4-5。

表 4-5　G 型(镶嵌式)翅片管的特性

适用范围及特点	缺　点
最高介质温度 T： 钢管钢片 $T \leq 400℃$、钢管铝片 $T \leq 350℃$	管外抗腐蚀性能较差；管壁有应力集中。如采用低合金钢管时有冷作硬化倾向。不能用于中、高压场合
最高使用压力 P：钢管 $P \leq 2.5$ MPa	
传热效率较 L 型翅片管为佳	

17. 空气冷却器 KL 滚花型翅片管有哪些适用范围、特点?

答：KL 滚花型翅片管的适用范围、特点见表 4-6。

表 4-6　KL 滚花型翅片管的特性

适用范围及特点
在 L 型翅片管管壁及 L 型翅片折边部分增加纵向滚花
翅片与钢管的结合力及承受冷热急变能力较佳，最高使用温度 $T \leq 250℃$
传热效率比 L 型略高(约 6%~7%)

18. 空气冷却器双金属轧制翅片管有哪些适用范围、特点及缺点?

答：双金属轧制翅片管的适用范围、特点及缺点见表 4-7。

表 4-7　双金属轧制翅片管的特性

适用范围及特点	缺　点
最高介质温度 T：钢管外套铝翅管 $T \leq 280℃$	价格较贵；制造技术要求高；重量大
最高使用压力 P：钢管(内)$P \leq 32$ MPa	
可采用耐腐蚀的内管，管外抗腐蚀性能最佳	
传热性能介于镶嵌式和绕片式之间	
可用于振动较大的动力机械中	

19. 空气冷却器椭圆管套矩形片翅片管有哪些适用范围、特点及缺点?

答：椭圆管套矩形片翅片管的适用范围、特点及缺点见表 4-8。

表 4-8　椭圆管套矩形片翅片管的特性

适用范围及特点	缺　点
管外阻力比圆管 L 型翅管低	价格昂贵；制造工序多，加工较复杂；管束承压较低；管束维护检修更换管子比较困难
占地面积可比圆管小 20%	
能耗可比圆管大为节约	
用于自然通风尤为有利	

20. 空气冷却器集合管式管箱有哪些适用范围、特点及缺点?

答：集合管式管箱的适用范围、特点及缺点见表 4-9。

表 4-9　集合管式管箱的特性

适用范围及特点	缺　点
用于高压场合，国内经验为 35MPa	对焊接要求较高，在使用某些钢种时应考虑结构便于焊后热处理
用于含氢介质	
用于不锈钢管或其他耐腐蚀材料制作的集合管箱	

21. 空气冷却器整体锻造管箱有哪些适用范围、特点及缺点?

答：整体锻造管箱的适用范围、特点及缺点见表 4-10。

表 4-10　整体锻造管箱的特性

适用范围及特点	缺　点
用于高温、高压场合，如加氢裂化装置	制造难度大；金属用量大，造价高
焊缝少，无损探伤量少	
安全系数高	

22. 空气冷却器丝堵型管箱有哪些适用范围、特点及缺点？

答：丝堵型管箱的适用范围、特点及缺点见表4-11。

表4-11　丝堵型管箱的特性

适用范围及特点	缺　　点
使用最多，可用于汽、煤、柴油及其他轻质油品和溶剂，以及介质污垢系数不大于0.001m^2·K/W的各种场合	丝堵及垫圈数量较多，加工量较大
最高设计压力：国内经验为20MPa；美国Lummus公司规定≤170bar；Mobil公司规定为2000lb/in^2	
丝堵型管箱制造简单，其内部可焊上分隔板和加强板。全拼焊式焊缝长，焊接工作量大但不受其他成型条件的限制，应用比较多	

23. 空气冷却器可卸盖板管箱有哪些适用范围、特点及缺点？

答：可卸盖板管箱的适用范围、特点及缺点见表4-12。

表4-12　可卸盖板管箱的特性

适用范围及特点	缺　　点
用于介质污垢系数大于0.001m^2·K/W的介质	板盖较厚重，检修不便；为保证密封对加工要求较高。
用于易凝介质	
国内使用压力≤6.4MPa，国外经验可达40bar	

24. 空气冷却器绕制翅片管、轧制翅片管、串制翅片管各有什么特点？

答：绕制翅片管翅片与管子的接触面积增加，同时也增加了气流的扰动，有利于传热，但是也增加了空气阻力。另外，翅片间距较大，翅化系数不易提高等。

轧制翅片管内外管紧密结合在一起，翅片和外管天然为一体，从根本上消除了翅片和管子表面结合不良的问题。另外，翅片管根部之间呈弧形，断面呈塔形，却由根部向端部逐渐变薄，符合热运动规律，翅片各部分温度分布均匀，因而传热最理想。但由于材料的压延性有限，翅片的密度和高度不能太高，即翅化系数较低。一般翅片间距在 2.3～3.6 mm 之间，翅高不超过 12 mm。翅化系数：铝为 13～15，铜为 11～13，碳钢 5～7，不锈钢只能到 5。

串片管空气阻力小，目前在风压较低的冷换设备，如诱导器、风机排管、窗式空调节器以及自然对流散热器等设备仍有应用。

25. 空气冷却器常用翅片管翅片外径、翅片厚度、翅片间距是多少？

答：空气冷却器翅片管的主要特性参数及排列参数见表 4–13。

表 4–13　翅片管主要特性参数及排列　　mm

<table>
<tr><th rowspan="2">翅片管种类</th><th rowspan="2">基管直径
d</th><th colspan="4">翅片参数</th><th colspan="2">翅片管排列</th></tr>
<tr><th>翅片外径
D</th><th>翅片高
h</th><th>翅片厚
δ</th><th>翅片距
C</th><th>管心距
A</th><th>排列</th></tr>
<tr><td>低翅片管</td><td>25</td><td>50</td><td>12.5</td><td>0.3～0.5</td><td rowspan="2">2.3
2.5
2.8
3.2
3.6</td><td>54
56
59</td><td rowspan="2">等边三角形</td></tr>
<tr><td>高翅片管</td><td>25</td><td>57</td><td>16</td><td>0.3～0.5</td><td>62
64
67</td></tr>
</table>

26. 空气冷却器湿式空冷器翅片管翅片间距选用多少合理些？为什么？

答：目前国内使用的空气冷却器的翅片管翅片间距有2.3mm、2.5mm、2.8mm、3.2mm、3.6mm等，当采用湿式空冷器时宜选用翅片管翅片间距3.2mm和3.6mm。因为水具有液体表面张力，若选用2.3mm或2.5mm翅片管翅片间距时，冷却水喷淋到翅片上，由于液体表面张力的作用，水将停留在两翅片之间，造成冷却风无法到达翅片表面，起不到冷却效果。当翅片间距到达3.2mm时，液体表面张力小于液体自身的重力，冷却水不能停留在两翅片之间，冷却风到达翅片表面，起到良好的冷却作用。

27. 什么是空气冷却器的喷淋系统？

答：喷淋系统是湿式空冷器的特有系统，其性能好坏直接影响着湿空冷器的效果。目前常用的喷淋方法有两种：一种为小型电机带动的回转式喷淋；另一种为固定喷淋，为我国目前所常用。

28. 空气冷却器喷淋水循环系统的设计原则是什么？

答：喷淋水循环系统的设计原则如下：

（1）为防止喷头堵塞，回水进回水罐前必须过滤，应装设过滤器。在喷水管线前的主干线上也可装过滤器。

（2）在泵出口管线上要装设水流量计。

（3）回水罐应装设液位指示及控制器。

（4）在喷水干线上，应与压缩空气管连接，以便随时清扫喷头及管线。

（5）不要在泵入口管线上装设过滤器。

29. 空气冷却器喷淋系统的喷头有哪几种结构型式？

答：空气冷却器喷淋系统有如下几种结构型式：

（1）漩流型喷头；（2）集合型喷头；（3）螺旋型喷头。

30. 什么是空气冷却器漩流型喷头？性能如何？

答： 漩流喷头结构由分流片(与喷头座加工为一体)、雾化片和外壳组成。

具有一定压力和初速的水，经分流片小孔进入雾化片的环形槽，再经由切向槽进入旋流室作旋转运动，根据自由旋转动量守恒，旋转速度与旋转半径成反比。因此，当水从旋转室边缘流向中心时，在喷口处达到最大值。但由于在旋流室内各点的总能量不变(能量守恒)，所以在喷口处的静压最小，在其中心处水的压力将低于外界的气体压力，成负压状态形成一个气体旋涡。水就从气体旋涡边缘以旋转状态的环形薄膜从喷口喷出。这个中空的圆锥形水膜将随着距离的加长变薄成丝，最后断裂成小水滴，形成空心锥形水雾。空气冷却器的漩流喷头结构型式如图 4-1 所示。

31. 什么是空气冷却器集合喷头？性能如何？

答： 集合型喷头是将数个喷头集合在一个喷头座上，把纯旋流型改为非纯旋流型，使旋流室内的流体不完全作切向(环向)运动，而使流体在旋流时再增加一轴向推力，即在旋流片中心增加一束轴向射流，以补充空心圆锥体的不足。该轴向射流在受周围旋流作用后即扩散成雾滴。这样就填补了中心空隙，构

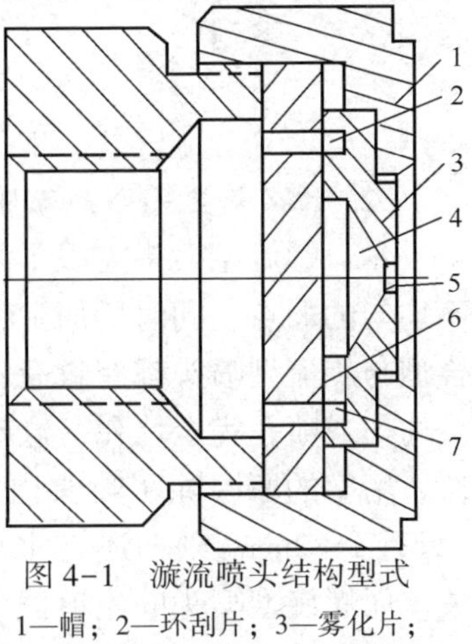

图 4-1　漩流喷头结构型式

1—帽；2—环刮片；3—雾化片；4—漩流室；5—喷口；6—分流片；7—切向槽

成了实心锥形水雾。

集合型喷头与旋流型喷头相比具有喷雾面积大、射程远、穿透力强、喷淋系统简单以及操作方便等优点。在无风情况下射程可达 1~1.5m；喷头与管束表面距离为 0.6m 时，一个喷头喷洒面积可达 2m×2m。空气冷却器的集合型喷头结构型式如图 4-2 所示。

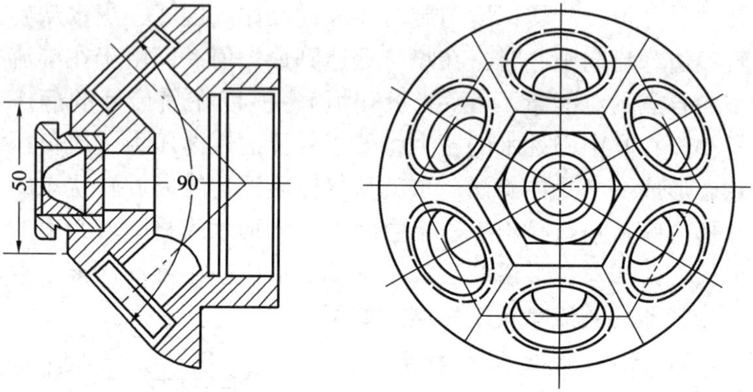

图 4-2　集合型喷头结构型式

32. 什么是空气冷却器螺旋型喷头？性能如何？

答：螺旋型喷头克服了漩流型、集合型喷头易堵塞喷洒不均匀的弱点，同时增加了喷头内流道截面和喷孔直径。集合型与旋流型喷头都有致命弱点，即容易堵塞，使喷出的水不均匀或喷孔完全堵死，这就严重地影响了湿式空冷器的操作。堵塞的原因除了喷头内流道截面过小及喷孔直径过小(只有 1~2mm)外，还与水质经循环后太脏、水管生锈有关。而螺旋型喷头的流道截面和喷孔直径有所增加并改进，使得喷洒均匀且不易堵塞，目前已用到湿式空冷器上，其喷射压力高，喷射角为 90℃左右，但其耗水量较大。

螺旋型圆锥喷头的喷雾原理是：水的压力能转变成速度能，水从中心圆锥孔中喷出，沿旋转角度经 3 圈螺旋片喷成广角实心的雾化水。

螺旋型圆锥喷头具有以下性能：

(1) 喷雾效果优于离心旋流组合喷头。

(2) 单孔截面积增大 7.8 倍，解决了喷孔被堵塞而停喷的难题。

(3) 喷雾压力选(3.0±0.5) MPa 为宜。

(4) 喷雾夹角 120°，喷雾射程远，喷透力强。在喷雾覆盖面积相同的情况下，喷头数量比离心旋流组合喷头减少一半，3m×9m 空冷片喷头数量为每片 4 个，3m×4.5m 空冷片喷头数量为每片 2 个，这样可不改造原有供水系统。

(5) 喷头单重 40g，仅为离心旋流组合喷头的 1%。

(6) 离心旋流组合喷头的一次性投资为原喷头的10%~40%。

33. 空气冷却器螺旋型圆锥喷头采用什么结构型式？

答：螺旋型圆锥喷头的内外都是圆锥型，由 3 圈不等距螺旋构成。这是螺旋型圆锥喷头的技术核心，也是喷头机械加工的难点。螺旋型圆锥喷头外型简单，体积小(ϕ14mm×47.6mm)，质量轻(40g/个)，孔径大(ϕ5.6mm)，结构独特。图 4-3 为螺旋型喷头的结构型式。

34. 空气冷却器喷淋系统的喷头有何要求？

答：对喷头的一般要求如下：

(1) 不易堵塞，维护方便；

(2) 雾化效果好，喷雾均匀；

(3) 喷射角大，喷射压力高且耗水量较低；

(4) 喷水能量随压力改变，以适应各种管排的喷雾

图 4-3　螺旋型喷头的结构型式

要求。

35. 空气冷却器喷头的布置有何原则?

答: 喷头布置的原则如下:

(1) 上密下疏。由于水滴的重力作用，喷出的水滴必然呈抛物线下落，为了在管束上喷雾均匀，喷头自上而下应由密渐疏。

(2) 交叉排列。

(3) 避免死角。

喷头排列一般为三角形，但也可排成正方形。正三角形排列合理，但排列时应保证喷头有较大的喷洒面积。从理论上讲，喷到翅片管束上的圆面积应稍有重叠或相切，才能保证漏喷面积达到最小。但也应尽量避免过多重叠，否则雾滴会重叠聚集形成大水滴沿翅片管自由下落，既不能喷透，又造成水的浪费。立式管束喷射距离以 450mm 为宜，对平放湿式空冷器应采用正三角形切线均匀布置。喷射距离 500~550mm 之间为宜，从而保证有较大的喷射角和均匀的雾滴。

36. 空气冷却器喷淋水的压力和温度有何要求?

答: 喷水压力应符合设计要求，水压应稳定。喷水温度要求适当，既不能引起管束的腐蚀和结垢，又有利于翅片管的散热。

37. 空气冷却器喷淋水质有何要求？

答：由于喷淋水的硬度、酸碱性、温度的不同会引起翅片表面上的结垢。因此，除限制管内流体温度外，还要对喷淋水质提出要求。

（1）硬度　水的硬度应在50ppm以下，不致于在翅片管表面形成硬垢，即使有盐分沉淀也是软垢，可用水冲掉。

（2）酸碱度　水的酸碱度过大或过小，均可使管束腐蚀，即使是中性冷水（pH=6~8），由于水中溶解有氧对设备仍有腐蚀作用。因此，要经常检查水的酸碱度。

（3）温度　喷水温度要求适当，既不能引起管束的腐蚀和结垢，又有利于翅片管的散热。

38. 空气冷却器湿空冷喷淋水用一般的冷却水行吗？

答：空气冷却器不能使用一般的冷却水。因为一般的冷却水中含有泥沙、杂质及各种盐类，若喷淋在空气冷却器管束表面会结垢，从而影响空气冷却器冷却效果。因此，湿空冷最好采用软化水作喷淋水。在没有软化水条件的情况下，应将一般的冷却水通过沙滤器和磁水器除去杂质后再用作湿空冷喷淋水。为节省喷淋用水量，一般应循环使用喷淋水。

39. 空气冷却器构架主要承受哪些载荷？

答：空气冷却器构架承受的载荷包括垂直载荷、水平载荷、地震载荷及动力载荷等几种。

（1）垂直载荷　空气冷却器垂直载荷主要包括设备自重、活动载荷及充液重量等载荷。设备自重载荷包括管束重量、百叶窗重量、风机系统重量、构架重量、平台和梯子重量、附件及支承部分管道重量以及雪载荷等其他载荷；

活动载荷主要包括空气冷却器在操作运行过程中的人员及临时检修机具重量；充液重量包括管束及部分支承管道内的液体重量。标准空冷器设计一般以水作操作介质考虑充液载荷。

（2）风载荷　空气冷却器风载荷的大小取决于不同地区的风压值和空气冷却器安装的高度。风载荷的大小与空气冷却器的体型系数（也称空气动力系数）、风压高度变化系数和受风面积等参数有关。

（3）地震载荷　空气冷却器水平地震力的大小与空气冷却器的主要结构、附属结构、设备基本自振周期和设备集中质量等因素有关。

（4）动力载荷　空气冷却器主要考虑风机和电机悬挂在构架上时，风机运转时所产生的动力载荷。动力载荷包括水平方向和垂直方向的动力载荷。多台风机联合操作时，构架上水平动力载荷仅考虑相邻跨风机的影响，隔跨风机的影响不予考虑。垂直方向的动力载荷（当量静载荷）主要由机械运转时产生的垂直方向的动力载荷和风机鼓风时产生的空气动力载荷两部分组成。

40. 空气冷却器在设计、制造、验收中都执行哪些标准？

答：在设计中应执行：GB/T 15386—94《空冷式换热器》、GB 150—1998《钢制压力容器》、GB 50205—2001《钢结构工程施工及验收规范》、GB/T 13274—91《一般用途轴流风机技术条件》、HG 20617—1997《钢制对焊法兰》；在选材料及验收中应执行：JB 4709—2000《钢制压力容器焊接规程》、GB/T 8163—1999《输送流体用无缝钢管》、JB 4726—2000《压力容器用碳素钢和低压合金钢用锻件》、JB 4730—94《压力容器无损检测》;在制造中应执行:GB 150—1998《钢制压力容器》、JB 4708—2000《钢制压力容器焊接工艺评定》、JB 4709—2000《钢制压力容器焊接规程》;在油漆、包装和运输中应执行:JB/T 4711—2003《压力容器涂敷与运输包装》。

第五章 加工制造

1. 空气冷却器翅片管的管子材料如何选用？

答：一般来说，翅片管的基管和翅片可采用各种金属材料进行组合，但在具体选用时既要考虑被冷介质的性质、操作条件，也要考虑材料本身的工艺性能、价格等因素。管子的材料一般用碳钢、不锈钢、铜、铝、钛、镍、铜合金、蒙乃尔合金以及碳钢-不锈钢双金属管，也有在碳钢管内衬一层搪瓷。表5-1列出了空气冷却器翅片管的几种常用材料和使用条件。

表5-1　翅片管基管的常用材料及其应用条件

管子材料	适用管内介质
碳钢10	一般油品（汽油、煤油、柴油……）和溶剂
不锈钢1Cr18Ni19Ti	酸性腐蚀介质
铝L4	碳酸介质（含CO、CO_2的水溶液等）

应用最多的是无缝钢管。在工作压力和温度较低而对防腐要求又不高的空气冷却器中，可采用高频焊接的有缝碳钢管，以降低造价。铝和铝合金管子只在低于0.2MPa和150℃条件下使用。

2. 空气冷却器管箱的材料如何选用？

答：空气冷却器管箱材料可依据进出口温差参照表5-2选用。

管箱元件采用碳素钢和低合金钢锻件时，一般按JB 4726规定的Ⅱ级选用；采用不锈钢锻件时，一般按JB 4728规定的Ⅱ级选用，并在图样中注明。

表 5-2 管箱的材料

钢 材	进出口温差
碳素钢	>110℃
奥氏体钢	>80℃

管箱隔板或加强板，一般与管箱材料相同；不允许使用铸件作丝堵。

3. 空气冷却器百叶窗的材料如何选用?

答：窗叶应采用镀锌钢板或铝板；销轴应采用不锈钢或铝合金；销轴轴套应采用氟塑料或尼龙。

4. 空气冷却器翅片管的翅片材料如何选用?

答：一般来说，翅片管的基管和翅片可采用各种金属材料进行组合，但在具体选用时既要考虑被冷介质的性质、操作条件，也要考虑材料本身的工艺性能、价格等因素。在炼油和石油化学工业中翅片材料多为铝。双金属的外管一般用含硅-锰的铝合金管，有利于提高轧出翅片的硬度。在电力等工业中用的套片、焊接片或皱折型绕片多用碳钢带料，若在这些翅片表面简单地镀以锌、锡或铝即可大大延长使用寿命。只有当防腐蚀要求很高或有特殊的工艺制造条件下，才采用不锈钢带作翅片材料。

按照管内外流体的性质，管子与翅片的材料可任意组合，例如英国SPIR-GILLS公司生产的SG-K型翅片管就不下数十种组合型式。在国内不同材料组合的翅片管，绝大部分是碳钢管-铝翅片，少量的采用铜-铜、铜-铝、铝-铝、不锈钢-铝和钢-钢等。

翅片管端防止翅片松动所用的固定件应采用不锈钢或镀

锌处理的碳素钢。

5. 空气冷却器管束的翅片制造工艺有哪些?

答: 翅片管的制造主要是翅片的成型和翅片与管子的连接。根据成型可分为串片、绕片、冷轧片和压铸片四种类型。根据翅片与管子的连接方式,可分为张力连接、机械连接和金属连接。在串片和绕片工艺中还有焊接、镶嵌热绕以及胀接等方法。

6. 什么是翅片管的串片工艺?

答: 串片工艺是把金属薄板裁切或冲剪成单孔或多孔的矩形、圆形或多角形的翅片,再逐片串在一根或多根管子上,经浸镀锌或锡、胀接或焊接等方法,将翅片紧固,密合在管子上。

7. 翅片管的串片工艺有哪几种密接方法?

答: 因为串片管是将翅片逐片串到管子上的,由于管子往往不圆(尤其是焊接钢管),因此翅片与管壁之间难免有间隙。有间隙,就有间隙热阻,为此常采用以下几种密接措施:

(1) 浸镀法　镀层金属主要是锌和锡,其次是镉。浸镀前管子和翅片都必须经过化学处理,以清除其表面上的氧然后置于熔融的锌(或锡)槽中(锌的熔点为400℃,锡的熔点为230℃)。由于毛细作用,锌(或锡)能均匀地充满翅片和管子之间的所有间隙。凝固后二者即可构成牢固的连接,并在翅片和管子表面构成一层20~50μm厚的保护膜。

(2) 胀管法　将串好的翅片管接到专用的加压设备上,用液压法(一般加压到30MPa以上)胀大管子通道,使翅片管紧箍在管子上。胀管法比较简单,一般只能用于延展性能良好的铜、铝等有色金属翅片管,很少用于钢管。

(3) 接触焊　采用专用的电焊机和缝焊机一边串片

(或绕片）一边将翅片焊到管子上。为避免焊的过程中管子变形，一般要插入芯轴。在采用此种工艺时，翅片的穿孔处通常要有折边，以便焊接。这种方法被公认是一种比较理想的方法，但其缺点是要求有较复杂的专用设备。

(4) 电阻焊接法　在经清洗磨光的管壁上先涂敷一层焊剂，再把翅片串（或绕）到管子上，然后在翅片管两端接通电源，以较大的电流使焊剂中的金属融化，将管子与翅片焊在一起。

8. 什么是翅片管的绕片？

答： 翅片管的绕片是将条形的金属薄片（金属薄带、螺旋弹簧形金属丝、金属条等）通过绕片机沿管子横向螺旋形地缠绕到管子上，然后根据需要再进行浸镀或胀、焊等工艺，使翅和管子进一步密合。这种工艺工序少，生产效率高，节约材料、产品质量稳定，长期以来一直是各国制造翅片管的主要工艺。经过几十年来的不断发展，出现了多种型式的绕片工艺和专用设备，可生产出Ⅰ型、L型、LL型、G型、DR型、KL型、TC型、锯齿型、轮辐型以及镶嵌型等各种型式的翅片管。

9. 翅片管的绕片工艺有哪几种？

答： 绕片工艺主要有以下几种：

(1) 绕L型光滑翅片　在绕片机上将金属薄带压成L形状（短边长度等于翅片间距，长边等于翅片高度），再经过辊轮机构将短边紧紧地缠压在管子表面上，此工艺在国内外都被广泛应用。管子材质不受限制，碳钢管、不锈钢管、铜管铝管均可，但翅片只能用铜、铝等延展性能好、抗拉强度较高的金属。

(2) 镶嵌光滑翅片　金属基管被清理之后，在镶片机床前部将外表面挤出螺旋槽，槽深一般为0.1~0.5mm。按槽深、浅分别称为“重镶”“轻镶”。槽的螺距即为翅片的螺距，槽较翅片根部约宽0.1mm。在镶片机中间的成型部分与上述绕片工艺相似，金属薄带被螺旋地绕到管子上形成翅片。其翅片的根部被嵌入管子表面上的螺旋槽内，再在机床尾部经辊模挤压，使翅片被牢牢地镶在管壁内。它能制造出翅片高、间距小、翅化系数大的翅片管，但设备工艺较复杂。

另外，在法国还有一种绕片工艺，基本上也属镶片工艺。其特点是，螺旋槽不是在管壁上挤压出来的，而是在管外螺旋地缠绕一层平钢带，钢带宽面紧贴管壁，其螺距比钢带的宽度稍宽一些，所形成间隙稍大于翅片的厚度，钢带绕完后与管子焊在一起，这样在管子表面上就形成螺旋槽，钢带的厚度等于槽深。然后再将翅片带材沿着已形成的螺旋槽镶嵌进去。这种工艺似乎麻烦些，生产效率低，所以用得不多。

(3) 绕皱折翅片　在上述两种工艺中，由于翅片带材在沿管子横向缠绕时，内缘（翅片根部）受压紧缩，外缘（翅片端部）受拉延伸，故必须用延性、抗拉强度均要较好的材料。为了扩大翅片材料（如钢带）面积，便出现了皱折绕片工艺。它是在绕片之前先将金属带靠内缘一侧挤压成波纹皱折，使内缘缩短，再进行缠绕，绕成后翅片根部呈现波纹皱折，端部切线方向稍有拉伸变薄。这种工艺生产出的翅片管，翅片与管子的接触面积稍有增加，同时也增加了气流的扰动，有利于传热。但是，也正由于这种皱折，增加了空气阻力。另外，因翅片间距较大、翅化系数不易提高等缺点，所以这种工艺经济性较差。

(4) 其他绕片工艺　因为缠绕翅片形式仍在不断发展，所以其制造设备工艺方法也在不断改进。

10. 什么是翅片管的轧片工艺?

答：轧片工艺是利用厚壁金属管在专用轧片机床上直接从管壁上挤压出光滑的螺旋翅片，也是制造炼油和石油化学工业有空气冷却器翅片管的主要工艺之一。这种工艺国外在20世纪40年代就已广泛应用。初期主要有铜、铝等延展性较好的单层有色金属管轧制，以后为了适应高温、高压和耐腐蚀等介质的要求，多用双金属管轧制。例如为了抗腐蚀耐高压，在铝管内套上不锈钢管或黄铜管，然后放到轧机上将外管管壁金属轧出翅片。

11. 什么是翅片管的开槽工艺?

答：在翅片管的翅片上开径向槽，看起来似乎很简单，但做起来并不容易。国内外很多人的努力和试验也不成功。美国3355788号专利认为，失败的主要原因是：(1) 翅片太柔软，锯齿稍微一碰就会沿着管子中心线方向倒下去；(2) 锯齿不能准确地切入翅片，往往是摩擦而不是清晰地切削，所以在槽口上总是粘着许多金属须。用这样的管子显然会增加压降。为此，有些人认为，必须用蜡模或同类物对翅片进行支持，但实践证实都不理想。该专利提出的开槽设备和方法如图5-1所示。据称，不管用什么工艺成型的螺旋翅片管或套片管均可用本专利的方法切出很规整的径向槽。图5-1 (a)为锯组件和管子给进、送出的机构的正面图，图5-1 (b) 为锯组件的布置详图。图中1为转动轴，2为圆盘锯片，3为锯齿。每个锯组件有4个锯片，相对180°成对安装、两对互为90°，工作时交替切削。锯组件安装在筒形壳体4的厚壁5上。因壳体又固定在轴套6上，因此可以把锯片的圆弧转到任何位置上。锯组件的单元数目不受限制，但本专利认为，6 件（每件 4 个锯片）开 24 条槽，弧间距 15°为最好，因为翅片上开槽过多会使管束在安装、运输过程中翅片很容易被碰弯、倒伏。为了提高翅片的传热效率，开槽后的翅片应向翅片管前、后两端交替成八字形收敛，八字形收敛是通过圆环 7 拔钉实现的，每隔一个切槽对一个拔钉，拔钉的直径稍大于切槽的宽度，当开好槽的翅片在圆环 7 中通过时，切槽两边的翅片就被拔钉扭成八字形。

12. 翅片管的翅片制造质量有何要求？

答：翅片制造质量要求如下：

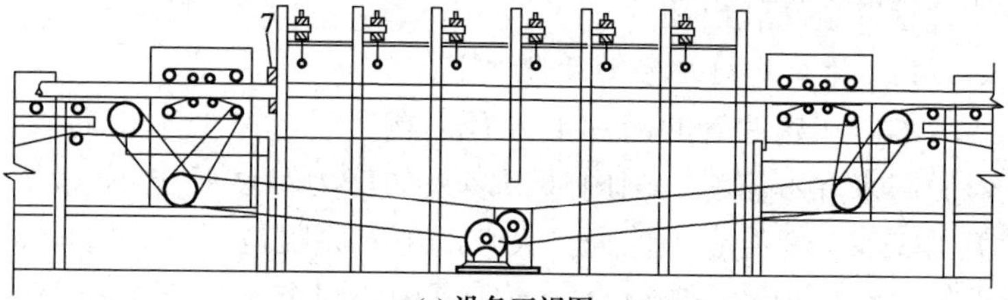

(a) 设备正视图

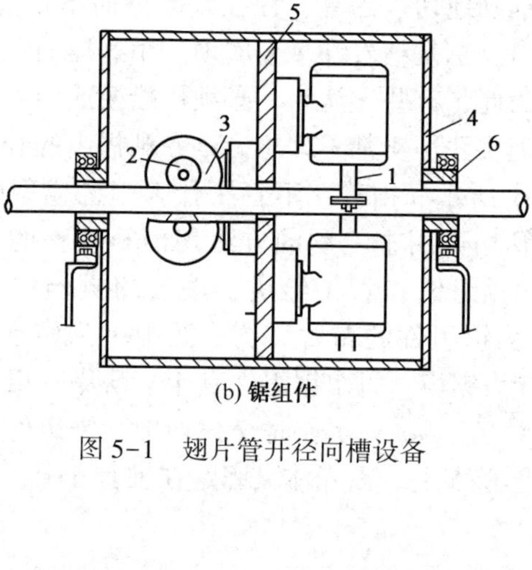

(b) 锯组件

图 5-1　翅片管开径向槽设备

(1) 翅片不得有裂纹、磕碰和倒塌等缺陷。

(2) 翅片管每米管长的片数允差为±0.5%，翅片管外径的允差为±0.5mm。

(3) 当管长大于6m时，每根翅片管的翅片接头数，不应超过2个，当管长小于等于6m时，不应超过2个，但管束的总接头数不应超过翅片的根数。翅片接头至管端的距离及翅片接头间的距离不应小于1.5m。接头处连接应牢固。

13. 焊接管箱为什么要做焊后热处理？

答：管箱做焊后热处理是为了消除或者降低焊接部位的残余焊接应力，避免产生应力腐蚀开裂。其中要求：

(1) 碳素钢和低合金钢管箱均应做焊后热处理。

(2) 焊接的铁素体金属垫片须在焊后做退火热处理。

14. 翅片管制造前基管外表面为什么要除锈？除锈后外径有何要求？

答：除锈是为了尽量消除翅片和管子表面结合不良的问题，减少翅片与管壁之间的间隙，减少间隙热阻。基管外表面须除锈至露出光泽，不得有锈痕。除锈后的管端圆度为0.1mm。管端外径最小尺寸见表5-3所示。

表5-3　管端外径最小尺寸　mm

基管公称直径	25	32	38
最小管端外径	24.75	31.65	37.65

15. 什么是浸镀法？

答：浸镀法是串片工艺的一种密接方法，镀层金属主要是锌和锡，其次是镉。浸镀前管子和翅片都必须经过化学处理，以清除其表面上的氧化物和油垢。铬镍钼合金钢用盐酸、硫酸加氧化剂（如硝酸）进行清洗；碳钢用冷盐酸和热稀硫酸溶液进行清洗；铜翅片只用稀硫酸清洗。翅片管经过必要的清洗去油垢后，再用含有氯化亚锡成分的氯化铵溶液进行处理一次（铜翅片除外），才可置入熔融的锌（或锡）槽中（锌的熔点为400℃，锡的为230℃）。由于毛细作用，锌（或锡）能均匀地充满翅片和管子之间的所有间隙。凝固后二者即可构成牢固的连接，并在翅片和管子表面构成一层20～50μm厚的保护膜。但这种方法耗费金属较高，成本较高，每平方米换热面积约耗锌1.25～1.30kg。

16. 什么是胀管法？

答：胀管法是串片工艺的一种密接方法，将串好的翅片管接到专用的加压设备上，用液压法（一般加压到30MPa以上）胀大管子通道，使翅片管紧箍在管子上。胀管法比较简单，一般只能用于延展性能良好的铜、铝等有色金属翅片管，很少用于钢管。

17. 什么是接触焊？

答：接触焊是串片工艺的一种密接方法，采用专用的电焊机和缝焊机一边串片（或绕片），一边将翅片焊到管子上。为避免焊的过程中管子变形，一般要插入芯轴。在采用此种工艺时，翅片的穿孔处通常要有折边，以便焊接。这种方法被公认是一种比较理想的方法，但其缺点是要求有较复杂的专用设备。

18. 什么是电阻焊接法？

答：电阻焊接法是串片工艺的一种密接方法，在经清洗磨光的管壁上先涂敷一层焊剂，再把翅片串（或绕）到管子上，然后在翅片管两端接通电源，以较大的电流使焊剂中的金属融化，将管子与翅片焊在一起。

19. 翅片管制造前基管为什么要水压实验？有何要求？

答：水压实验是为了检验基管的耐压强度、接头或接口的质量及焊接质量。翅片管制造前基管应逐根以2倍的设计压力进行水压实验。也可用超声波或涡流探伤代替水压试验。

20. 翅片管的基管能否拼接？有何要求？

答：基管尽量避免拼接，若需拼接，应符合下列规定：

(1) 拼接的最短管长不得小于2m；

(2) 每台管束基管的拼接处应在同一位置，并以挡板遮挡翅片间断处，以免空气漏过；

(3) 基管拼接的其他要求应符合GB 151的规定。

21. 翅片管与管板有哪些连接型式？

答：翅片管与管板的连接有强度胀接、强度焊接、胀焊并用三种型式。

22. 空气冷却器翅片管与管板的连接有何要求？

答：(1) 连接部位的基管和管板孔表面应清理干净，不得有影响连接质量的毛刺、铁屑、锈蚀、油污等。

(2) 胀接连接时，管板孔表面不得有影响胀接紧密性的缺陷，如贯通的纵向或螺旋状刻痕等。

(3) 胀接连接时，胀接长度不得伸出管板空气侧表面。翅片管的胀接部分应与非胀接部分应圆滑过渡，不得有急剧的棱角。

(4) 压力试验时，胀接口如有渗漏，允许重胀，但重胀次数不得超过2次。

(5) 焊接连接时，焊渣及凸出于翅片管内壁的焊瘤均应清除。焊缝缺陷的返修应先清除缺陷后补焊。管端焊后不允许有塌陷。

（6）强度焊连接时，翅片管与管板的焊接接头，施焊前应按 GB 151 的规定作焊接工艺评定。

23. 什么是翅片管与管板的胀接连接？

答：翅片管与管板的胀接连接即是利用胀管器使管子端部在管板孔内产生塑性变形，管径增大，而管板只达到弹性变形，使胀管后管子与管板间产生一定的挤压力，紧密地固定在一起，具有抗泄漏的严密性和抗拉脱强度，达到密封和紧固连接的目的。

24. 什么是翅片管与管板的焊接连接？

答：翅片管与管板的焊接连接是在管板上开孔和坡口，翅片管穿入管板孔并与之对齐后，用焊接的方法将翅片管与管板连接在一起，达到密封和抗拉脱的目的。

25. 空气冷却器风机的叶片制造材料有哪些？有何特点？

答：叶片制造材料主要有以下两种：

（1）铸铝叶片　强度及耐温性均好，但重量因素使其只能用于薄翼型叶片，空气效率较低。

（2）玻璃纤维增强塑料（玻璃钢）叶片　强度好，耐温性差，一般为空腔薄壁结构或泡沫塑料填充，适用于各种叶型截面，制造精度高，空气效率亦高。

26. 空气冷却器风机叶片的材料如何选用？

答：风机叶片的材料选用应符合以下要求：

（1）铸造铝叶片材料应符合 YB 143 的规定。

（2）玻璃纤维增强复合材料（即玻璃钢）叶片的性能应符合表 5-4 的规定。

表 5-4　玻璃纤维增强复合材料叶片的性能

弯曲强度/MPa	层间剪切强度/MPa	弹性模量/MPa	允许使用温度范围/℃
≥180	≥20	≥1500	-40~90

27. 为什么风机叶片制造后要测量叶尖部位的跳动半径？有何要求？

答：风叶在制造时，每一片风叶的形状、重量、长度都可能不相同。风叶组装后各片风叶的叶尖离旋转轴心的半径可能不同，这不利于风叶与风筒的安装配合。因此必须在制造、组装后测量叶尖的跳动半径并作修整。

调整后叶尖部位叶型截面的旋转中心，相对于叶片根部轴线的跳动半径不得大于 2mm。

28. 为什么风机叶片制造后要做力矩平衡？有何要求？

答：风机叶片制造后做力矩平衡是为了在风机运转时减少由于风叶不平衡引起的振动，使风机能够正常运行。

风机叶片力矩平衡校正应对照标准叶片，且在叶片纵轴方向进行。校正后允许的不平衡力矩应符合以下规定：

（1）风机各转动部件的不平衡力矩按下式计算

$$M = gGL \times 10^{-6}$$

式中　M——允许的不平衡力矩，N · m；

G——转动部件的质量，kg；

L——允许偏心距，μm；

g——重力加速度，m/s^2。

（2）叶片叶型截面前后缘应为圆弧状，不得有尖角突起、分模面错位等缺陷。叶片型线的允差见表 5-5。

（3）各叶型截面的旋转中心应在同一旋转轴上，其允差见表 5-6。

表 5-5　叶片型线允差　mm

叶片型线	允差
弦长	±2.0
弦高	±1.0
扭转角	±30′
沿纵轴方向的长度	$\pm^{0}_{3.0}$

表 5-6　旋转中心允差　mm

允差方向	允差
弦长方向	±1.0
弦高方向	±0.5

（4）叶尖部位叶型截面的旋转中心，相对于叶片根部轴线的跳动半径不得大于 2mm。

第六章　安装调试

1. 空气冷却器管束在安装时应注意哪些事项？

答：管束在安装时应注意以下一些事项：

（1）管束在起吊时应用钢索吊挂吊耳，并防止碰损翅片和漆层。

（2）多台管束安装在构架上，管束与管束侧梁间的间隙为（6±3）mm。

（3）管束入口法兰中心线与安装基准线的偏差不得大于±3mm。

（4）管束与管束之间，管束与构架之间的间隙大于10mm时，应填塞石棉绳或安装密封板以减少泄漏。

（5）斜顶空冷却器管束安装时，管束和构架上的限位卡板卡牢，以防管束脱落。

2. 水平式空气冷却器管束安装为什么有倾斜度？

答：水平式空气冷却器管束为水平放置，但为了防止冷凝液停留在管中，管子应有3°或1%的倾斜。

3. 空气冷却器管束安装的一般要求是什么？

答：管束安装的一般要求如下：

（1）每片管束的设计和制造交货必须是一个整体的部件，现场安装应整体起吊和装配。每片管束上应有吊装板，不允许用管束法兰接管或其他附件吊装。

（2）多跨构架上管束安装，每片管束宽度方向不得超出单跨构架立柱轴线范围之外。

（3）同跨构架上安装多片管束时，管束与管束之间的间隙大于6mm，或管束侧梁底面与构架顶之间间隙大于10mm时，应加密封板或填塞石棉带，以减少空气泄漏。

（4）管束进、出口法兰中心线与立柱中心线之间的安装尺寸应严格按照设计要求进行，其偏差不得大于±3mm。

（5）现场安装时，管束的翅片管应有保护措施，禁止踩踏或重物冲击翅片。

（6）管束在构架上就位后，要松开活动管箱与侧梁之间的连接螺栓。

4. 空气冷却器构架安装的一般要求是什么？

答：构架安装的一般要求如下：

（1）构架的设计和安装应采用扩大拼装的方法进行。在运输许可条件下，制造厂应以大组焊件交货，现场安装时，用螺栓连接成整体。

（2）构架的现场安装施工应参照《钢结构工程施工及验收规范》的有关规定，如有特殊要求，应在图样上注明。

5. 空气冷却器风机安装的一般要求是什么？

答：风机安装的一般要求如下：

（1）风机的安装参照《机械设备安装工程施工及验收规范》和制造厂风机说明书的有关规定进行。

（2）皮带传动的风机，皮带轮必须设置有张力调节机构，皮带松紧要适宜。

（3）每台风机的叶片安装角度应符合设计要求。叶片角度要用专用的量角器在安装角标志上测量，各叶片的安装角偏差不得大于±0.5°。

（4）风筒的椭圆度：风筒安装好后，对风筒的椭圆度要进行测量，最大直径不得大于风筒直径的1%，最小不得小于 18mm，且测量点不得少于 8 个。

（5）叶片与风筒壁的间隙：风机叶尖与风筒内壁的径向间隙应分布均匀，最大间隙不得大于直径的 0.5%，最小不得小于 9mm。

（6）水平度：风机轮毂和皮带轮的水平度误差不得大于 2/1000，两皮带轮的高度偏差不得大于 2mm。

（7）空载试运一般需连续运行 2h 以上，最少连续运行时间不得低于 1h，运转中应无不正常的现象或杂音。轴承部位的温度及振幅不得低于规定数值。

（8）风机需按 1.1 倍的最大工作转速做空载超速试验，连续运转时间不得低于 10min，试验后应检查叶片、轮毂等各部位有无裂纹、变形或损伤。

（9）齿轮减速器装配好后需做空载跑合试验，并应符合下列要求：

① 注入规定的润滑油，按设计的旋转方向连续运行不少于 4h，运转中不得有杂音存在。

② 试验后减速器各部位不得有渗漏现象，轴承、循环油温升不应超过 40℃，最高不得超过 80℃。

（10）凡设计图中对空气冷却器噪声有要求时，要按规定测定空气冷却器的噪声。

（11）凡采用自调和半自调风机，对自动执行机构应以 0.4MPa 的压缩空气检查其气密性，在 5min 时间内，不得有泄漏现象。

（12）对自调和半自调风机，在静止状态下，通入0.02~0.1MPa 的信号风源，测定信号风压力与叶片角的关系，对比是否与制造厂提供的数据相同，然后启动风机，改变信号风压，观察叶片角的变化情况。对机械调角风机，分别在静止和运转的情况下，转动手柄，观察叶片角变化是否正常。

6. 空气冷却器管束安装就位后为什么要将活动管箱的安装螺栓松开一至二扣？

答：目的是使管箱受到温度变化时能自由地伸缩，避免产生较大的应力，以保护设备。

7. 为什么空气冷却器固定管箱安装螺丝孔是圆孔，而活动管箱是长圆孔？

答：固定管箱上的螺丝孔是圆孔目的是为了能把管箱紧固在支架上。活动管箱上的螺栓孔是长圆孔，目的是使管束受到温度变化时能自由地伸缩，避免产生较大的应力，以保护设备。

8. 为什么有些风机要安装可调角度叶片或安装调速风机？

答：风机安装可调角度叶片或安装调速风机主要用于调节风量，以控制工艺参数，抵御特殊气象干扰。安装调速风机还可以起到节能作用。

9. 空气冷却器风机安装时为什么要调整风叶尖与风筒壁间隙？有何要求？

答：所有的动设备在运行时都会引起或大或小的振动，风机也一样，在运行时风筒可能发生偏移，造成风机与风机碰撞，引发事故；另外，当风筒偏移后，必然引起风叶尖与风筒壁间隙一侧大而另一侧小，造成风机的效率下降。因此空冷器风机安装时要调整风叶尖与风筒壁间隙。风机叶尖与风筒内壁的径向间隙应分布均匀，最大间隙不得大于叶轮直径的0.5%或19mm（选其小者），最小间隙不得小于9mm。

10. 如何调整空气冷却器风机叶片与风筒的间隙？

答：(1) 用已装好的一只叶片的叶尖来校正，叶片与风筒壁任意一点的径向间隙应满足表6-1要求的数据。

表6-1 叶片径向间隙

风机直径/mm	1800	2400	3000	3600	3900	4200	4500
最大间隙/mm	9	12	15	18	19	19	19
最小间隙/mm	6	8	9	9	9	9	9

若叶片与风筒壁任意一点的径向间隙不满足上述要求，则应采取以下措施：

① 将风筒连接用的石棉橡胶垫去掉，拉紧风筒；

② 在风筒连接处加垫，扩大风筒径；

③ 调整吊架的位置来调整叶片与风筒的间隙。

(2) 预安装角的选定：

① 手调风机及自调风机叶片预安装角的选定应满足规格型号及性能参数表中的叶片安装角（自调风机按最大安装角装称为正装，即增加气源，角度变小）。

② 不停机手动调角风机叶片的预安装角应选为0°，旋转不停机手调角风机的手轮，使角度指示对准“0°”。（注意：柱塞位于上死点时，叶片角应为18°。）

11. 空气冷却器风机叶片安装后为什么要检查叶片安装角度误差？有何要求？

答：(1) 风机叶片在制造完工后，制造厂将叶片安装在风机上并进行安装角度调整、试运、叶片编号等工作，使风机性能处于最佳状态。因此风机叶片在使用现场安装后，为使其性能达到最佳状态，必须检查叶片安装角度误差。

(2) 叶片安装角度误差：叶片角度误差不得大于

±0.5°，安装角度的测量部位在叶片的标线位置（叶片出厂时，一般在叶片上涂有黄色或其他颜色标线位置标记，如国产叶片在离叶轮中心75%处测量，仿制HUDSON叶片在距叶尖25mm处测量）。

12. 空气冷却器风机安装后为什么要空载运转试验？有何要求？

答：空载运转试验的目的是对风机输入动力以使风机启动，在接近或达到额定转速的情况下初步检验该风机的设计、制造与安装质量是否过关，尽早发现其存在的各种缺陷并加以消除，为下一步联动试运和化工投料打好基础。做空载运转试验时，在轴承温升稳定后连续运转时间不少于1h；运转时应无不正常现象；轴承部位的温度和振幅（无消振措施时）不应超过表6-2的规定。

表6-2 轴承部位的温度和振幅

主轴转速/（r/min）	≤500	>500~600	>600~700	>750
允许最大径向振幅（双向）/mm	0.15	0.14	0.12	0.10
滚动轴承表面温度/℃	70			

13. 空气冷却器风机试车前应注意哪些事项？

答：空气冷却器试车前应注意以下一些事项：

（1）不论何时开机，包括日常的停机维修后的开机，开车前均应检查半圆挡环是否卡进了叶片座的圆槽内，叶片定位的顶丝是否顶紧了，检查各螺接件的紧固是否良好，确认没有松动后，将安全网装上，然后准备开机运行。

（2）电机接线应保证风机叶轮俯视按顺时针方向旋转。

（3）各部件检查都正常后方可进行试运行。调速风机不得一次性启动投入运行，应分为启动、运行二步。运行1h

后停机检查各部件，无异常现象方可投入正常运行。

14. 空气冷却器性能试验包括哪些内容？

答：空气冷却器性能试验可以包括以下试验项目：

(1) 空气冷却器翅片管的性能试验　主要包括翅片管的热工性能和空气动力性能等试验内容；

(2) 空气冷却器自动调角风机特性试验　主要包括叶型、叶轮、风机特性、自动调节特性、传动和动力特性等试验内容；

(3) 空气冷却器运行噪声试验　空气冷却器的运行噪声主要来源于风机运行噪声，但空气冷却器各部件对于空气冷却器整体噪声的大小和方向均有一定影响，所以应对整体空气冷却器进行噪声测试；

(4) 空气冷却器的现场试验　现场试验主要测试检验空气冷却器的热工性能、空气动力性能以及换热面积、风量和冷却温度等性能参数，也可同时测试检验自动控制系统、设备工作可靠性和设备加工制造质量等性能状况。

第七章　操作调节

1. 空气冷却器调节的目的和对象是什么?

答：空气冷却器调节的目的一是为了控制介质的出口温度，以保证生产工艺的需要和产品质量；二是为了节约能源消耗，提高冷却效率。空气冷却器在下述情况运行时，必须进行调节：

(1) 空气温度随昼夜、季节变化时；

(2) 某些复杂气象（雨、雪）时；

(3) 某些特殊气候地区（炎热、寒冷)；

(4) 管内介质的温度、流量变化时。

空气冷却器调节的对象是空气冷却器的空气流量和管内介质流量。

2. 空气冷却器有哪些调节方法?

答：空气冷却器有以下几种空气流量（风量）的调节方法：

(1) 调节风机运行台数　从空气冷却器的结构可以看到，每片管束通常是由两台风机来提供风量的。调节风机的运行台数，便可获得三种运行工况：即两合全停，一台运行、一台停，两台全开。

(2) 调节风机转速　风机风量与转速的理论关系是线性关系，风机风量随转速的增加而递增。但转速增加时，风压也增加，风量的回流损失也迅速增加，因此风量的递增率便降低，即随着转速的增加，风量的增加量将越来越减少。实际上，风机风量与转速的关系并不完全是线性关系。调节风机转速可采用可变速的动力装置，如双速电动机、液压马达等。

(3) 调节风机叶片角　调节风机叶片角，就是调节气流攻角（气流流过叶片时的真实速度方向与叶片弦线的夹角)，用以改变风量。这种调节方法必须使用可以调节叶片角的风机，即可调角风机。这类风机不需要复杂的可调速的动力装置，所以成为目前空气冷却器风机的基本型式。在减少风量运行时，可调角风机节约电功率具有明显的优越性。如采用自动调角型风机，则使用更为方便可靠，能量节约更为显著。

(4) 调节百叶窗开启角　调节百叶窗开启角（倾角)，是用改变风机出口空气阻力的方法来改变风量。百叶窗的结构简单，但是调节特性较差，并且在减小风量运行时，并不能相应地节约风机的功率消耗。当空气冷却器的风机停止运行时，流经空气冷却器的风量并不为零，而是某个称作"最低风量"的风量值。"最低风量"数值可以带走热负荷的25%~30%，因此在生产操作中有必要使风量为零的空气冷却器必须安装百叶窗部件，用百叶窗调节方法还可用来分调管束的风量。当同一台风机同时向多个管束提供风量，而各个管束的风量又需要分别调节时，则需要在调节的管束上单独地安装百叶窗部件。

上述几种空气冷却器的调节方法经常是综合使用的，可选用有级调节和无级调节两种调节方案。有级调节方案如选用两台只能在停车时手动调节叶片角的可调角式风机，则在运行中只有两个风量可供选择。无级调节方案选用一台只能在停车时手动调节叶片角的可调角式风机，另一台为自动调节式风机，空气冷却器在运行中有很宽的风量调节选择范围。

3. 空气冷却器有哪些调节型式?

答：空气冷却器的调节型式按操作状况可分为手动调节和自动调节两种。

(1) 手动调节型式即为用手工操作方法调节风机或百叶窗的运行参数，如开闭风机或改变风机叶片角、转速和百叶窗开启角等来改变风机风量的方法。广泛使用的是可调角式风机（又称手动调角式风机）和手动百叶窗。手动调节具有设备简单、制造价格低廉的优点。但是调节品质较差，不能进行即时的调节，不利于产品（介质）质量的稳定。同时，也不利于节约风机电能。调节时的劳动条件很差，叶轮部位受管束的热辐射，温度很高，操作空间窄小，调节时停机时间也过长。

(2) 自动调节型式即为用仪表控制方法调节风机或百叶窗的运行参数，以改变风机风量的方法。使用最多的是自动调角式风机和自动百叶窗。可以对风机或百叶窗的运行参数，做单项的或是多项联合的自动调节。不论哪种调节方式，均可接到自动仪表控制系统内。自动调节方法有利于减轻调节工作量，保持操作稳定，提高产品质量，改善劳动条件，降低能源消耗。

自动调节式风机和百叶窗，也可以不接到自动仪表控制系统内，而是使用装在空气冷却器操作平台上的仪表调节器调节。这种调节方式应用得也很多。自动调角风机和自动百叶窗是使用最户泛的自动调节装置。石油化学工业应用出于安全考虑，自动调节装置均采用以压缩空气为动力的气动式调节装置，还可以降低设备的制造费用。

自动调角风机的调节机构由气动执行机构（“气压-弹簧”平衡系统）和传力机构（曲拐机构）所组成。自动调角风机可以安装专用的定位器，以便提高调节精度，并可连接到自动控制仪表系统中去。专用定位器通常做成顶装式，安装在风机轮毂的顶部，风机运行时通过给予定位器的信号气压，来控制气动执行机构的工作气压，并且由定位器接受执行机构机械位移的反馈信号。自动百叶窗的气动执行机构上都装有侧装式定位器，这种定位器是通用型，随气动执行机构配套供应。

4. 百叶窗截流这种风量调节方式有哪些适用场合、特点及缺点？

答：空气冷却器百叶窗截流风量调节的适用场合、特点及缺点如表 7-1 所示。

表 7-1　百叶窗截流风量的适用场合、特点及缺点

<table>
<tr><th>适用场合及特点</th><th>缺　点</th></tr>
<tr><td>以气动或手动百叶窗来调节空气流量</td><td rowspan="4">调节损失最大，风机不能节电，现已不作为主要调节手段</td></tr>
<tr><td>机构简单、价廉</td></tr>
<tr><td>多用于多单元组成同一台、跨时的调节手段，或用于热风循环控制中</td></tr>
<tr><td>可作鼓风式管束的屏蔽设备</td></tr>
</table>

5. 采用风机操作法控制的风量调节方式有哪些适用场合、特点及缺点？

答：空气冷却器风机操作法控制风量调节的适用场合、特点及缺点如表 7-2 所示。

表 7-2　风机操作法控制风量的适用场合、特点及缺点

适用场合及特点	缺　点
采用手动或自动开/停风机群中部分风机的方法，改变空气流量	控制精度低；有可能引起管束温度突变，造成诸如水击、泄漏或管子刚性失稳等弊病
采用手动或自动的双速或多速马达，改变空气流量	
此方法适用于介质终端温度控制精度不高（±15℃以上）的场合	
与百叶窗截流调节相比，能耗有较大节约（约节约40%）	

6. 调角风机调节这种风量调节方式有哪些适用场合、特点及缺点？

答：空气冷却器调角风机风量调节的适用场合、特点及缺点如表 7-3 所示。

表 7-3　调角风机调节风量的适用场合、特点及缺点

适用场合及特点	缺　点
调节灵活	调角机构复杂，价格较贵；需另设压缩空气源；维护工作较多
除可调节产品终端温度外，并可用于冬季防冻热风循环措施	
可比改变风机操作法更多地节能（约节约总能耗的60%）	

7. 无级调速式风机调节这种风量调节方式有哪些适用场合、特点及缺点？

答：空气冷却器无级调速式风机风量调节的适用场合、特点及缺点如表 7-4 所示。

表 7-4　无级调速式风机调节风量的适用场合、特点及缺点

适用场合及特点	缺　点
调节灵活，滞后时间短	价格较贵
可最大限度地节约能耗（比调角式多节约 30%~50%）	
风机噪声可随转速下降而下降	
结构简单，维护工作量小	

8. 如何根据介质终端温度控制精度要求选择风机配置？

答：空气冷却器控制精度与控制方法的基本选择方法如表 7-5 所示。

表 7-5　控制精度与控制方法的选择

序号	要求控制精度	控　制　方　法
1	±16℃（30℉）以外	可采用固定叶角风机，并用开-停操作法控制
2	±11℃（20℉）	不同工况的管束，共用一跨构架及风机者，用百叶窗控制（手动或自动） 有多个风机时，采用 25% 台自调风机，与非自调风机配合开-停操作
3	±6℃（10℉）	50% 台使用自调风机
4	±2. 8℃（5℉）以内	100% 台使用自调风机

9. 空气冷却器有哪几种仪表控制方法？

答：空气冷却器有以下几种仪表控制方法：

（1）自动调角风机的仪表控制　根据空气冷却器介质出口温度来控制风机叶片角，以调节风机风量。自动调角风机的仪表控制系统有下述几种方案：

① 闭环控制　由自动仪表控制系统做自动控制；

② 开环控制（带定位器） 根据温度记录计指示，由操作人员做手动仪表控制；

③ 开环控制（不带定位器） 根据温度记录计指示，由操作人员对气动执行机构做直接控制。

（2）自动百叶窗的仪表控制 自动百叶窗的仪表控制方案与自动调角风机的相同。

（3）联合式自动仪表控制 联合式自动仪表控制方案是将多个调节装置由同一自动仪表控制系统做统一的闭环控制，此方案将更加扩大调节范围和提高操作质量。

10. 空气冷却器管束操作时应注意哪些事项？

答：空气冷却器管束操作时应注意以下事项：

（1）管内介质、温度、压力均应符合设计条件，严禁超压、超温操作。

（2）管内升压、升温时，应缓慢逐级递升，以免因冲击骤热而损坏设备。

（3）空气冷却器正常操作时，应先开启风机，再向管束内通入介质；停止操作时，应先停止向管束内通入介质，后停风机。

（4）易凝介质于冬季操作时，其程序与（3）条相反。

（5）负压操作的空气冷却器开机时，应先开启抽气器，管内达到规定的真空度时再启动风机，然后通入管内介质；停机时，按相反程序操作。冬季操作时，开启抽气器达到规定真空度后，先通入管内介质，再启动风机，以免管内冻结无法运行。

（6）停车时，应用低压蒸汽吹扫并排净凝液，以免冻结和腐蚀。

（7）开车前应将浮动管箱两端的紧定螺钉卸掉，保证浮动管箱在运行过程中可自由移动，以补偿翅片管热胀冷缩的变形量。

11. 空气冷却器风机操作应注意哪些问题？

答：空气冷却器风机操作应注意以下事项：

(1) 风机叶片角度应按设计提供的数据安装，盲目增大叶片安装角，会使电机超负荷运行。

(2) 对手动调风机，冬季应停机将叶片角调小（特别是我国东北、西北地区），这不仅是节能的需要，而且是为了保证风机安全运行。由于全自调风机控制系统较复杂，从这点来看，空气冷却器选用不停机机械调角风机、半自调风机或人工调速风机为佳。

(3) 在操作中，用户如需增大空气冷却器风量，或增加管束的管排数要经过详细计算，求出风量 Q 和全风压 H，根据 $Q-H-N$ 特性曲线图和风机特性关系公式，核算原风机配套电机的功率是否能满足要求。

(4) 寒冬季节，若风机要停机操作，要注意防冻问题，特别是要防止易凝介质在管内冻凝。

12. 空气冷却器有哪些防凝防冻方式？

答：空气冷却器的防凝防冻方式主要有以下几种：

(1) 热风内循环式；

(2) 伴热式；

(3) 热风外部循环式；

(4) 联合伴热式。

13. 防凝防冻方式中的热风内循环式有哪些适用场合、特点及缺点？

答：空气冷却器防凝防冻方式中的热风内循环式方式的适用场合、特点及缺点如表 7-6 所示。

表 7-6　热风内循环式的适用场合、特点及缺点

适用场合及特点	缺　　点
用于介质的倾点或冰点高于最低环境设计气温 14～20℃（25～35℉）以上，包括介质中含水分 10%以上的场合	风机能耗较大；控制略复杂
介质终端温度控制要求不甚精确（大于 ±3℃）的场合	
采用一般自调风机，不增加特殊结构和投资	
风机应不少于两台的空气冷却器	

14. 防凝防冻方式中的伴热式有哪些适用场合、特点及缺点？

答：空气冷却器防凝防冻方式中的伴热式方式的适用场合、特点及缺点如表 7-7 所示。

表 7-7　伴热式的适用场合、特点及缺点

适用场合及特点	缺　　点
用蒸汽或电热器，置于管束下方，在最低设计气温以下启用	能耗大，操作费用高
结构较简单、操作技术简单	

15. 防凝防冻方式中的热风外部循环式有哪些适用场合、特点及缺点？

答：空气冷却器防凝防冻方式中的热风外部循环式方式的适用场合、特点及缺点如表 7-8 所示。

表 7-8　热风外部循环式的适用场合、特点及缺点

适用场合及特点	缺　点
用于介质的倾点或冰点高于最低设计气温 33℃以上（60℉），包括介质中水分含量大于 50%者	结构复杂，投资较高；操作复杂，自控要求较高；占地略大
介质终端温度控制要求较高（≤±3℃）的场合	
除采用自调风机外，尚需设置自动（或手动）百叶窗及外部循环风道	
有时尚需设伴热器	

16. 防凝防冻方式中的联合伴热式有哪些适用场合、特点及缺点？

答：空气冷却器防凝防冻方式中的联合伴热式方式的适用场合、特点及缺点如表 7-9 所示。

表 7-9　联合伴热式的适用场合、特点及缺点

适用场合及特点	缺　点
用其他非易凝的高温介质管束，置于易凝介质管束下，作为伴热	结构略复杂
占地少，投资省	
能耗少	

第八章 维护检修

1. 空气冷却器风机维护保养及使用注意哪些事项?

答：空气冷却器风机在维护保养及使用中应注意以下事项：

(1) 经常性巡检：

① 运行中有无异常性声音和振动；

② 回转部件有无过热、松动。

(2) 定期维护保养：

① 每三个月通过注油嘴加注锂基润滑油；

② 定期调整三角带的松紧度，并检查三角带胶带的磨损程度，磨损严重的应及时予以更换；

③ 全面检查各零、部件的紧固状态一年一次；

④ 风筒与叶轮的径向间隙检查一年一次；

⑤ 叶片角度及叶片沿风机轴向跳动应每年检查、调整一次；

⑥ 清除风机叶片表面油污，检查叶片损坏，半年一次。

(3) 使用注意事项：

① 风机使用角度不得超过规定的调角范围以防电机过载；

② 加注黄油不应超过油腔的2/3，以免轴承过热；

③ 每次检修和更换电机时，必须注意接线相位，应保证风机叶轮俯视顺时针方向旋转。

2. 空气冷却器检修包括哪些主要内容?

答: 空气冷却器检修内容如下:

(1) 清扫检查管箱及管束;

(2) 更换腐蚀严重的管箱丝堵、管箱法兰的联接螺栓及丝堵、法兰垫片;

(3) 检查修复风筒、百叶窗及喷水设施;

(4) 处理泄漏的管子;

(5) 校验安全附件;

(6) 整体更换管束;

(7) 对管束进行试压;

(8) 检查修理轴流风机。

3. 空气冷却器管束维护需要注意哪些事项?

答: 空气冷却器管束维护需要注意以下事项:

(1) 检查管束各密封面不得有泄漏现象。如有泄漏时,丝堵式管箱可将丝堵适当拧紧,仍无效果时,应停机更换垫圈或换丝堵(凡需更换垫片或螺接紧固件时,应先停机并将介质放空,然后进行)。

(2) 翅片管端泄漏时,允许将管子重胀。重胀次数不得超过2次,并注意不要过胀。无法用胀接修复时应更换翅片管,作为临时措施,也允许用金属塞堵塞。

(3) 如需到管束表面上检查时,应在翅片管上垫以木板或橡胶板,以免损坏翅片。

(4) 铝翅片如被碰倒时,应用专用工具(扁口钳)扶直。

(5) 定期清除翅片上的尘垢以减少空气阻力,保持冷却能力。清除方法用压力水或压缩蒸汽冲刷。

(6) 检查管束热偿结构工作是否正常,浮动管箱移动必须灵活,不允许有滞卡现象。

(7) 定期维护时，应用蒸汽及水冲刷管束内部，务必将污垢除净。并应检查腐蚀厚度，其值不应超过规定值(碳钢为3mm)。检查后重新安装时，应更换丝堵垫片及法兰。

(8) 定期维护时，应在管束外表面(不包括翅片表面)涂一层银粉漆。

4. 为什么要清洗空气冷却器?

答：空气冷却器管内冷却介质中存在H_2S、HCl、O_2和低分子有机硫化物等腐蚀性介质，可能导致碳钢金属腐蚀，从而使这些设备运行一段时间后，会在其表面生成一定的腐蚀产物(如铁的氧化物、硫化物等)，并与物料中的其他杂质聚集吸附于金属表面形成污垢；空气冷却器翅片管外表面长时间使用后聚集了灰垢，特别是湿式空冷器翅片表面生长绿藻，由于这些污垢、灰垢、绿藻的传热效率只有碳钢的几十分之一，同时还会产生垢下腐蚀，加速腐蚀的进行。因此，根据空气冷却器的腐蚀、结垢情况，在其运行一定时间后及时进行化学除垢清洗，既可以达到能提高换热效果，又能达到延长设备使用寿命的目的。

5. 空气冷却器管箱丝堵的垫片材料选择有什么要求?

答：应根据介质选用合适的垫片，一般选用08钢垫、紫铜垫或不锈钢垫。

6. 空气冷却器管箱丝堵的垫片泄漏如何处理?

答：检查空气冷却器管箱丝堵垫片泄漏情况，泄漏时可采用拧紧丝堵或更换垫片消漏。更换时，应清除垫片槽中的杂物和消除垫片槽缺陷。

7. 空气冷却器换热管泄漏如何处理?

答：空气冷却器换热管发生泄漏应进行以下处理：

(1) 换热管堵漏　空气冷却器管束经过一段时间的运行

后，由于腐蚀等原因造成穿漏，可以采用化学粘补、打卡注胶和堵管等修理方法处理。当换热管泄漏量小时，可在不停车的情况下将管外的翅片除去，然后再进行化学粘补包扎或打卡注胶堵漏；如果不能用上述方法消漏，则应将管束停车吹扫干净，拆开管箱上的丝堵，在换热管两端用角度 3°～5°的金属圆台体堵塞，以达到消漏。

（2）换管　当空气冷却器管束因非均匀腐蚀或制造缺陷而泄漏时，可采用换管消漏。首先将要更换的管子拆下，清洗管箱管孔。更换新管时，将管子中间稍拉弯曲，即可从两端管板孔穿入，穿入后进行胀接或焊接。

8. 风机有哪些部位需要按期加润滑油或润滑脂？

答：所有润滑部位（齿轮减速器、轴承座）应按期注油。减速器用油按说明书规定，油面应在油位指示器指示范围内。轴承用钠基黄油润滑。

9. 为什么要调整空气冷却器风机皮带的松紧度？

答：皮带传动机构的皮带应保持一定的张紧力。如过于松弛，则电机的动力无法有效地传递至风机，风机效率下降，甚至造成皮带飞出的事故。如皮带过紧，摩擦阻力增大，容易造成电机超负荷，长时间运行还会造成电机、风机轴弯曲，轴承松动，致使振动、噪声增大，影响设备运行。

10. 空气冷却器风机叶片损坏后能否单片更换？成组更换后是否做静平衡？

答：空冷器风机叶片损坏后应该成组更换。成组更换时对称安装后可不做静平衡。

11. 空气冷却器翅片管弯曲变形对冷却效果有何影响？

答：空气冷却器翅片管弯曲变形会造成冷却效果下降，特别是翅片管中部向下弯曲变形时更为明显。因为当冷却介质是液体时，翅片管弯曲变形会产生较大的阻力降，介质流过变形翅片管的速度比不变形翅片管的速度低，产生偏流，影响冷却效果。

当介质是气体且发生相变时，即由气体变为液体时，翅片管向下弯曲变形的部位积存着液体，气体不能从该翅片管通过，也就是说该翅片管失效，造成空气冷却器整体冷却效果下降。

12. 空气冷却器管束腐蚀可能发生在哪些部位？

答：空气冷却器管束腐蚀(翅片管均匀腐蚀除外)可能发生的部位有：翅片管介质入口处、翅片管向下弯曲变形部位的内壁、湿式空气冷却器翅片管靠近管箱部位无翅片的外壁、带衬管的翅片管在衬管末端的内壁、有可能产生介质涡流的部位等。

13. 有什么方法可检查空气冷却器翅片管内部腐蚀或结垢情况？

答：检查翅片管内部腐蚀或结垢的方法有使用内窥镜；检查翅片管内部腐蚀的方法有管壁测厚和翅片管剖开(破坏性检查)。

14. 空气冷却器冷却效果差有哪些原因？

答：空气冷却器冷却效果差有以下几个原因：翅片管内壁结垢、翅片管堵塞介质不流动、翅片结垢、翅片管弯曲变形、翅片倒伏、湿式空冷器或联合空冷器的翅片管翅片间距过密等。

15. 空气冷却器常见故障及排除方法有哪些？

答：空气冷却器常见故障与排除方法见表 8-1。

表 8-1　空气冷却器常见故障与排除方法

故障表现形式	故障原因	排除方法
电流计指示异常	叶片角度有异常变化	校正安装角后紧固
	自调执行机构失灵	排除定位器和气源线故障
	风机轮毂平衡破环	补校平衡
	皮带松动跳槽	调整皮带张紧力
电机电流过大或温度升高	叶片角度有异常变化	校正安装角后紧固
	轴承座剧烈振动	重新调整正
	电机本身原因	查明原因
	电流单线断电	检查电源是否正常
自动调角风机调角失灵	气路泄漏	修堵、换密封垫等
	定位气堵塞	用 ϕ3 mm钢丝透排气节流孔
	动密封摩擦副磨损	更换回转接头
传动部件异常振动	驱动部件螺钉松动	拧紧螺钉，紧固松动部位
	旋转机构偏心	调整偏心
运转部件有异常声音	轴承磨损	更换轴承
	缺少润滑油	补充润滑油
	回转部件与固定件接触	调整相反位置
	紧固螺钉松动	拧紧螺钉
回转部位过热	缺少润滑油	补充润滑油
	回转部位与非回转部位接触摩擦	调整间隙
轴承温升过高	轴承座剧烈振动	重新调整正
	缺少润滑油	补充润滑油
	润滑油变质	更换润滑油
	轴承损环	更换轴承

附录一　空气冷却器维护检修规程
（SHS 01010-2004）

1　总则

1.1　主题内容与适用范围

1.1.1　本规程规定了空气冷却器的检修周期与内容、检修与质量标准、试验与验收以及维护。

1.1.2　本规程适用于石油化工钢制空气冷却器。

1.2　编写修订依据

GB/T 15386—94　空冷式换热器

GB 150—1998　钢制压力容器

GB 151—1999　管壳式换热器

SHS 01023—2004　轴流式风机维护检修规程

2　检修周期与内容

2.1　检修周期

一般检修周期为 2~4 年，可根据生产装置特点、介质性质、腐蚀速度、实际运行情况等适当调整。

2.2　检修内容

2.2.1　清扫检查管箱、换热管及翅片。

2.2.2　更换腐蚀严重的管箱丝堵、管箱法兰的联接螺栓及丝堵、法兰垫片。

2.2.3　检查修复风筒、百叶窗及喷水设施。

2.2.4　处理泄漏的管子。

2.2.5　校验安全附件。

2.2.6 整体更换管束。
2.2.7 对管束进行试压。
2.2.8 检查修理轴流风机。
2.2.9 检查修复大梁、侧板等受力件。

3 检修与质量标准

3.1 检修前准备

3.1.1 掌握运行情况，备齐必要的资料。
3.1.2 备齐检修工具、配件及材料。
3.1.3 切断风机电源，将空冷器内介质排净并吹扫置换干净，符合安全检修条件。

3.2 检查

3.2.1 检查管箱法兰，管箱上丝堵的泄漏及其垫片的腐蚀情况。对可拆盖板式，还需检查盖板密封面、垫片及紧固件的损坏情况。
3.2.2 检查管束翅片管的变形、腐蚀及翅片损坏情况。
3.2.3 打开堵头，检查管箱内、管子胀口及管内部腐蚀及结垢。
3.2.4 检查风筒、百叶窗等腐蚀及严密情况，检查喷水设施是否畅通。
3.2.5 检查框架及其他构件的腐蚀和紧固件的稳固情况。
3.2.6 轴流风机的检修见 SHS 01023—2004《轴流式风机维护检修规程》。

3.3 质量标准

3.3.1 所有垫片应符合技术要求，由定点、专业厂家制造并提供合格证明书。密封面不得有贯穿纵向的沟纹及影响密封性能的缺陷。

3.3.2　管箱、管内应清洁。

3.3.3　胀管不宜在气温低于0℃条件下进行。管子胀接后其胀接处及过渡部分应圆滑。

3.3.4　管束同一管程内，堵管一般不得超过管子总数10%。

3.3.5　如在管箱上进行扩孔等修理，应符合GB 150—89《钢制压力容器》有关规定。

3.3.6　喷水设施应畅通无泄漏，风筒、百叶窗应严密，框架不得有缺损，其联接螺栓不松动，焊接牢固。

3.3.7　安全附件应灵敏可靠。

3.3.8　空冷整体更换时，吊装不得损坏翅片。

4　试验与验收

4.1　试验

4.1.1　检修记录必须齐全准确。

4.1.2　施工单位确认质量合格，并具备试验条件。

4.1.3　空冷器在检修后要进行耐压试验，压力试验的项目和要求应符合设计图样及GB 150—89《钢制压力容器》的规定。

4.2　验收

4.2.1　试运行一周，满足生产要求。

4.2.2　空冷器应达到完好标准。

4.2.3　提交下列技术资料。

a. 材料材质、零部件合格证；

b. 检修记录；

c. 焊缝质量检验(包括外观检验和无损探伤等)报告；

d. 试验报告。

5 维护

5.1 设备运行中严禁超温、超压、超负荷。

5.2 定时对各密封面及胀口、管束进行检查，发现泄漏及时处理。检查维护时，人员不得在管束的翅片上行走。

5.3 定时检查喷水设施，保持喷水畅通。

5.4 管束应定期用压缩空气吹掉翅片上的灰垢。

5.5 冬季应做好防冻防凝工作。

5.6 定时对框架及其他物件进行外防腐处理。

附录二　空冷器型号规格简介

1. 管束

管束是由翅片管(或光管)与管箱及侧、横梁部分组成，其型号诠释如下：

□□□□□□□

- 管程数及法兰密封面型式：
  - a— 光滑平面法兰代号
  - b— 凸凹面法兰代号
  - c— 榫槽式法兰代号
  - d— 透镜垫式法兰代号
  - t— 梯形槽面法兰代号
- 翅化比／翅片型式：
  - L—L 型翅片管代号
  - LL— 双 L 型翅片管代号
  - KL— 滚花型翅片管代号
  - G— 镶嵌型翅片管代号
  - DR— 双金属轧制翅片管代号
  - TC— 椭圆套管矩形翅片管代号
  - T60— 板翅式套片翅片管代号
  - TR— 椭圆管绕钢带翅片管代号
- 设计压力(MPa) 及管箱型式：
  - S— 丝堵式管箱代号
  - K_1— 可卸盖板式管箱代号
  - K_2— 可卸幅盖式管箱代号
  - J— 集合管式管箱代号
  - Q— 全焊接式管箱代号
- 管束基管换热面积(光管外表面积)m^2
- 管排数
- 管束公称尺寸：长 × 宽，m
- 管束型式：
  - GP— 水平鼓风式
  - YP— 水平引风式
  - X— 斜顶式
  - S— 湿式
    - SX— 干湿联合空冷器斜置水平管束
    - SL— 湿式立置水平管速

示例：X4. 5×3-4-63. 6-1. 6S-23. 4/LL-Ia

斜顶式管束：长 4. 5m，宽 3m；4 排管；基管换热面积 63. 6m^2；设计压力 1.6MPa，丝堵式管箱；双 L 型翅片管，翅片比 23. 4；I 管程，光滑平面法兰。

2. 风机

风机由叶片、轮毂、支架、传动机构、风筒及电机等部分组成，其型号诠释如下。此外，风机按安装型式又分为机组吊挂和机组落地两种。风机旋转方向是由叶轮顶部俯视为顺时针方向。其最大噪声不超过 85dB，其使用温度为：鼓风式-40~80℃；引风式-40~120℃。

□□□□□□□

- 电动机功率：kW
- 风机传动方式：V—V 带传动代号
  C— 齿轮减速器传动代号
  Z— 电动机直接传动代号
  Vs— 悬挂式 V 带传动，电机轴朝上代号
  Vx— 悬挂式 V 带传动，电机轴朝下代号
- 叶片数：四片或六片
- 叶片型式：R—R 型玻璃钢叶片代号
  B—B 型玻璃钢叶片代号
  L— 铸铝叶片代号
  HK—HK 型玻璃钢叶片代号
  W—W 型玻璃钢叶片代号
- 叶轮直径 × 10^{2}mm
- 风量调节方式：TF — 停机手动调角风机代号
  BF — 不停机手动调角风机代号
  ZFJ — 自动调角风机代号
  ZFS — 自动调速风机代号
- 通风方式：G — 鼓风式
  Y — 引风式

示例：

G-ZFJ36B4-V_S 22

鼓风式；自动调角风机；直径3600mm；B型玻璃钢叶片；叶片数4个；悬挂式V带传动，电机轴朝上；电动机功率22kW。

3. 架构

架构由立柱、横梁等部分组成。架构可分为鼓风水平、斜顶、湿式、干湿联合式。水平式与斜顶式又有开式(K)和闭式(B)之分，闭式可单独使用，开式须和闭式组合使用。构架型号诠释如下：

□□—□□

- 风箱型式：F— 方箱型代号
  Z— 过渡锥型代号
  P— 斜坡型代号
- 配套风机直径 10^2mm/台
- 构架公称尺寸：长×宽(对斜顶式构架为长×宽×斜边长)m，开式(K)、闭式(B)型式
- 构架型式：GJP— 鼓风式水平构架代号
  JX— 斜顶构架代号
  YJP— 引风式水平构架代号
  JS— 湿式构架代号
  JL— 干湿联合构架代号

示例：

(1) JX×5×6×4.5B-45/1F

斜顶式构架长5m，宽6m，斜边长4.5m，闭式，配套风机直径4500mm，1台，方箱型风箱。

(2) GJP9×4B-36/2F

鼓风式水平构架长9m，宽4m，闭式，配套风机直径3600mm，2台，方箱型风箱。

4. 百叶窗

百叶窗由叶片、框架、控制调节装置等部分所组成，置于管束上面，用于防雨、防寒、防雹和调节风量及控制冷却介质的出口温度。当其为水平位置时，叶片开启型式为对开式；当其为倾斜位置时，叶片开启型式为顺开式，开启角度0°~90°。其型号诠释如下：

□ □

□ ——公称尺寸，长 × 宽，m

□ ——调节方式：SC— 手动调节百叶窗代号

ZC— 自动调节百叶窗代号

示例：

ZC6×2

自动调节百叶窗，长 6m，宽 2m。

5. 喷水装置

喷水装置由集合喷头、喷水管路、护板等组成。其型号诠释如下：

□

□ ——喷水装置代号(P) 及公称尺寸，长 × 宽，m

示例：

P6×3

喷水装置：长 6m，宽 3m。

6. 湿式及干湿联合空冷器型号的表示方法

□—□—□—□—□

□ ——百叶窗型式，公称尺寸 / 台数

□ ——喷水装置型式，公称尺寸 / 台数

□ ——架构型式，公称尺寸，开(闭) 型式 / 跨数

□ ——风机型式，叶轮直径 × 10^2mm/台数

□ ——管束型式，公称尺寸 / 片数

示例：

$$\frac{SX6\times3/2}{SX6\times3/2}-\frac{ZFJ24/1}{TF24/1}-JL6\times3/1-P6\times3/2-\frac{ZC6\times3/1}{SC6\times3/1}$$

湿式斜置管束，长×宽为6m×3m，2台；湿式立置管束，长×宽为6m×3m，2台；自动调角风机，直径2400mm，1台；停机手动调角风机，直径2400mm，1台；干湿联合构架，长×宽为6m×3m，1台；喷水装置，长×宽为6m×3m，2台；自动调节百叶窗，长×宽为6m×3m，1台；手动调节百叶窗，长×宽为6m×3m，1台。

7. 干式空冷器型号的表示方法

□—□—□—□

- 百叶窗型式，公称尺寸／台数
- 架构型式，公称尺寸，开(闭)型式／跨数
- 风机型式，叶轮直径 × 10^2mm／台数
- 管束型式，公称尺寸／片数

示例：

(1) 鼓风式空冷器

$$GP9\times3/4-TF36/4-\frac{GJP8X6B/1}{GJP9X6K/1}-SC9\times3/4$$

鼓风式空冷器，水平式管束，长×宽为9m×3m，4片；停机手动调角风机，直径3600mm，4台；鼓风式水平构架，长×宽为9m×6m；一跨闭式构架，一跨开式构架；手动调节百叶窗，长×宽为9m×3m，4台。

(2) 引风式空冷器

$$YP9\times3/2-\frac{ZFJ36/1}{TF36/1}-YJP9\times6B/1-ZC9\times3/2$$

引风式空冷器，水平式管束，长×宽为9m×3m，2片；自动调角风机，直径3600mm、1台，停机手动调角风机，直径3600mm、1台；水平式构架，长×宽为9m×6m，一跨闭式构架；自动调节百叶窗，长×宽为9m×3m，2台。